燃煤电厂环保设施技术问答丛书

脱硝技术问答

大唐环境产业集团股份有限公司 编

中国电力出版社
CHINA ELECTRIC POWER PRESS

图书在版编目（CIP）数据

脱硝技术问答／大唐环境产业集团股份有限公司编 .—北京：中国电力出版社，2018.12（2020.1重印）
（燃煤电厂环保设施技术问答丛书）
ISBN 978-7-5198-2934-6

Ⅰ.①脱… Ⅱ.①大… Ⅲ.①燃煤发电厂—烟气—脱硝—问题解答　Ⅳ.①X773.013-44

中国版本图书馆 CIP 数据核字（2019）第 014116 号

出版发行：中国电力出版社
地　　址：北京市东城区北京站西街 19 号（邮政编码 100005）
网　　址：http：//www.cepp.sgcc.com.cn
责任编辑：安小丹（010–63412367）
责任校对：黄　蓓　常燕昆
装帧设计：王红柳
责任印制：吴　迪

印　　刷：北京天宇星印刷厂
版　　次：2018 年 12 月第一版
印　　次：2020 年 1 月北京第二次印刷
开　　本：140 毫米 ×203 毫米　32 开本
印　　张：6.5 印张
字　　数：237 千字
印　　数：2001-3500 册
定　　价：38.00 元

序 言

习近平总书记在党的十九大报告中指出："必须树立和践行绿水青山就是金山银山的理念，坚持节约资源和保护环境的基本国策，像对待生命一样对待生态环境。"只有坚持绿色发展，才能建设美丽中国，解决人与自然和谐共生问题，实现中华民族永续发展。在习近平新时代中国特色社会主义思想的指引下，国家发改委、生态环境部、国家能源局联合印发了《煤电节能减排升级与改造行动计划（2014~2020年）》与《全面实施燃煤电厂超低排放和节能改造工作方案》，要求到2020年，全国所有具备改造条件的燃煤电厂力争实现超低排放（即在基准氧含量6%条件下，烟尘、二氧化硫、氮氧化物排放浓度分别不高于10、35、50mg/m³）。截至2017年底，全国已实施超低排放改造的煤电机组装机容量累计达到7亿kW，占全国煤电机组容量的比重超过70%。与此同时，我国燃煤电厂环保技术实现重大突破，以超低排放为核心的环保技术呈现多元化发展趋势，急需行业标准化、规范化。

大唐环境产业集团股份有限公司（以下简称大唐环境）是中国大唐集团有限公司发展环保节能产业的唯一平台，一直致力于能源与环境、大气污染控制工程方面的研究和应用，在以超低排放为核心的环保设施改造过程中，积累了丰富的实践经验。公司自2004年成立以来，产业结构不断优化，影响力日益增强，知名度不断提高，在节能环保领域的影响越来越大，2016年在香港联交所主板上市，现已成为中国电力行业节能环保领域的主导者和领先者。

大唐环境以环保设施特许经营业务为主导，兼顾工程建设和产品制造的综合性环保节能产业结构布局，业务覆盖燃煤电厂脱硫脱硝、除尘除渣、粉尘治理、能源和水务等环保节能全产业链，同时涉足可再生能源工程等多个业务领域，并将业务拓展至印度、泰国、白俄罗斯等"一带一路"沿线国家。目前，公司拥有世界最大的脱硫、脱硝特许运营规模，拥有世界最大的脱硝催化剂生产基地，拥有国际领先的节能环保工程解决方案，荣获"十三五"最具投资价值上市公司——

中国证券金紫荆奖。

事以才立，业以才兴。大唐环境坚持人才强企战略，不断深化人才体制机制的改革创新，大力培育集团级首席专家和行业领军人物，打造由行业专家为学术带头人，由技术骨干为中坚力量，由青年人才为基础的、梯次合理、实力雄厚的科技创新团队。先后主导、参与编写了多项环保节能国家标准、行业标准以及国际标准。共获得专利授权673项，其中发明专利49项；取得技术成果30余项，其中取得技术鉴定证书13项，2项达到国际领先水平，8项达到国际先进水平。累计完成技术标准编制并发布11项，其中主编的国际标准1项、主编的国家标准1项，参编的国际标准2项。

不忘初心，不改矢志。大唐环境坚持"创新、协调、绿色、开放、共享"的发展理念，以创新的思维、开放共享的态度，用铁肩担起祖国节能环保建设的重任，组织公司各专业技术专家，编写了《燃煤电厂环保设施技术问答丛书》。该丛书涵盖了燃煤电厂脱硫、脱硝、除尘除渣、废水处理专业内容，内容全面，深入浅出，贴近现实，着眼未来，站在技术前沿，为环保污染物治理提供了很好的指导、借鉴作用。

此丛书可供火力发电厂脱硫、脱硝、除尘除渣、废水处理等运行检修人员阅读；可供从事电力生产管理、运行维护、检修改造等工作的技术人员、安全管理、工程监理人员学习使用；可作为高等院校环境工程、热能与动力工程、化学工程等专业师生的参考书；同时，也可供其他相关企业借鉴、参考。

2018 年 12 月于北京

前　言

　　《打赢蓝天保卫战三年行动计划》（国发〔2018〕22号）已由国务院发布。打赢蓝天保卫战，是党的十九大做出的重大决策部署，事关满足人民日益增长的美好生活需要，事关全面建成小康社会，事关经济高质量发展和美丽中国建设。治理大气污染的要求更加严格，电力行业污染物排放仍是国家关注的重点，脱硫、脱硝环保行业的发展面临严峻挑战和考验，污染物排放浓度严格控制以及环保设施治理成本的增加都将脱硫、脱硝行业推上了艰难之路。同时，随着环境保护要求的不断提高以及环保设施的改造，烟气脱硫脱硝装置运行维护也遇到了前所未有的新问题。面对新形势、新任务，国内大批从事脱硫脱硝环保行业的一线生产人员以及相关专业的在校师生，迫切需要一本理论基础知识和生产实际紧密结合的专业技术参考书。为此，大唐环境产业集团股份有限公司组织行业内经验丰富的专家、学者、工程技术人员等精心编写了这本《脱硝技术问答》。

　　本书采用问答的形式将复杂的问题分解成几个较小的问题来叙述和解答，浅显易懂，便于读者根据需要查阅参考。深入浅出，既有许多相关的基本知识，又有解决复杂疑难技术问题的分析方法和方案。涉及脱硝基础知识、工艺原理、运行维护、事故处理、超低改造、CEMS管理、法律法规等内容，结合实际，知识点全面，理论重点突出，操作性强。可供从事燃煤火力发电厂脱硝管理、运维等生产人员学习使用，其他行业也可借鉴参考。

　　本书共八章，由梁庆源担任主编，段向兵、王力光担任副主编，高飞担任主审。第一、二章由梁庆源、杨春雨编写；第三章由王力光、徐岩编写；第四章由曹书涛、卫耀东、孟磊编写；第五章由江澄宇、田晓曼、袁红玉编写；第六章由段向兵、田野、蔡亚东编写；第七章由卫耀东、曹书涛、刘伟伟编写；第八章由孟磊、田晓曼编写。陈海杰、冯伟红、李婷彦、邹红果、孙瑞华、黄力参加书稿的会审。

　　在本书编写过程中，查阅了部分设备制造商产品说明书、国内外参考文献、专业书籍，并引用了相关技术文件中的部分观点及资料。

同时，邀请国内知名电力设计院、科研院等相关专家以及多名电厂生产技术人员审阅，提出了大量宝贵的意见，在此深表谢意。

由于水平所限，加之时间仓促，书中存在的缺失和不足之处恳请广大读者批评指正。

编者

2018 年 12 月

目　录

第四章　脱硝系统安装与调试 ……………………………… 65

第六章　脱硝系统的测量和控制 ·························· 90

第一章　燃煤电厂污染物排放概述

第一节　基础知识

1. 什么是污染物?

答:污染物是指进入环境后能够直接或者间接危害人类的物质。

2. 什么是大气污染物?

答:大气污染物指由于人类活动或自然过程排入大气的并对人和环境产生有害影响的那些物质。

3. 什么是一次污染物?

答:一次污染物是指直接从污染源排放的污染物质,如二氧化硫、二氧化氮、一氧化碳、颗粒物等,它们又可分为反应物和非反应物,前者不稳定,在大气环境中常与其他物质发生化学反应,或者作催化剂促进其他污染物之间的反应,后者则不发生反应或反应速度缓慢。

4. 什么是二次污染物?

答:二次污染物是指由一次污染物在大气中互相作用经化学反应或光化学反应形成的与一次污染物的物理、化学性质完全不同的新的大气污染物,其毒性比一次污染物还强。最常见的二次污染物如硫酸及硫酸盐气溶胶、硝酸及硝酸盐气溶胶、臭氧、光化学氧化剂,以及许多不同寿命的活性中间物(又称自由基)。

5. 煤的分类有几种?

答:根据煤的煤化度,将我国所有的煤分为褐煤、烟煤和无烟煤三大煤类。又根据煤化度和工业利用的特点,将褐煤分成2个小类,无烟煤分成3个小类。烟煤比较复杂,按挥发分分为4个档次,即$V_{daf}>$10%～20%、>20%～28%、>28%～37%和>37%,分为低、中、中高和高4种挥发分烟煤。

6. 褐煤的特点是什么？

答：褐煤的特点为：含水分大，密度较小，无黏结性，并含有不同数量的腐殖酸，煤中氧含量高，常达15%～30%；化学反应性强，热稳定性差，块煤加热时破碎严重；存放空气中易风化变质、破碎成小块甚至粉末状；发热量低，煤灰熔点也低，其灰中含有较多的CaO，而有较少的Al_2O_3。

7. 烟煤的特点是什么？

答：烟煤的形成历史较褐煤长，呈黑色，外形有可见条纹，挥发分含量为20%～45%，碳含量为75%～90%。烟煤的成焦性较强，且含氧量低，水分和灰分量一般不高，适宜工业上的一般应用。

8. 无烟煤的特点是什么？

答：无烟煤固定碳含量高，挥发分产率低，密度大，硬度大，燃点高，燃烧时不冒烟。

9. 煤的元素分析包含什么？

答：煤的元素分析主要是测定煤中碳、氢、氧、氮、硫等元素的含量，其中碳、氢、氮、硫等采用直接分析法测定，而氧则通过差减法得出。

10. 燃煤电厂主要烟气污染物有哪些？

答：燃煤电厂烟气污染物主要有烟尘、二氧化硫、氮氧化物、汞等。对于烟尘、二氧化硫、氮氧化物和汞，《火电厂大气污染物排放标准》（GB 13223—2011）中都有明确排放指标。

11. 烟尘控制技术主要包括什么？

答：烟尘控制技术是指通过安装或优化静电除尘器、电袋/布袋除尘器、脱硫除尘一体化装置、湿式电除尘器等对烟尘进行排放控制。

12. 常见的氮氧化物有哪些？

答：氮氧化物（NO_x）指的是指由氮、氧两种元素组成的化合物。常见的氮氧化物（NO_x）有一氧化氮（NO，无色）、二氧化氮（NO_2，红棕色）、一氧化二氮（N_2O）、五氧化二氮（N_2O_5）等，其中除五氧化二氮常态下呈固体外，其他氮氧化物常态下都呈气态。作为空气污染物的氮氧化物（NO_x）常指NO和NO_2。

13. 空气中氮氧化物来源有哪些?

答：空气中氮氧化物来源于自然界和人类活动。天然排放的氮氧化物，主要来自土壤和海洋中有机物的分解，属于自然界的氮循环过程。人为活动排放的氮氧化物，大部分来自化石燃料的燃烧过程，如火力发电厂、汽车、飞机、内燃机及工业窑炉的燃烧过程；也来自生产、使用硝酸的过程，如氮肥厂、有机中间体厂、有色及黑色金属冶炼厂等。

14. 氮氧化物对人体的危害有哪些?

答：氮氧化物主要影响呼吸系统，可引起支气管炎和肺气肿等疾病。氮氧化物可刺激肺部，使人较难抵抗感冒之类的呼吸系统疾病，呼吸系统有问题的人士如哮喘病患者，会较易受二氧化氮影响。对儿童来说，氮氧化物可能会造成肺部发育受损。研究指出，长期吸入氮氧化物可能会导致肺部构造改变，但仍未可确定导致这种后果的氮氧化物含量及吸入气体时间。一氧化氮，与血红蛋白作用，降低血液的输氧功能。

15. 氮氧化物对环境的危害有哪些?

答：氮氧化物对环境的危害主要是腐蚀植物和材料，还会参与臭氧层的破坏。以一氧化氮和二氧化氮为主的氮氧化物是形成光化学烟雾和酸雨的一个重要因素。汽车尾气中的氮氧化物与碳氢化合物经紫外线照射发生反应形成的有毒烟雾，称为光化学烟雾。光化学烟雾具有特殊气味，刺激眼睛，伤害植物，并能使大气能见度降低。另外，氮氧化物与空气中的水反应生成的硝酸和亚硝酸是酸雨的成分。

16. 标准状态指什么?

答：标准状态指烟气在温度为273K，压力为101325Pa时的状态，简称"标态"。

17. 什么是开尔文温标?

答：开尔文温标又称热力学温度，绝对温标，简称开氏温标，是国际单位制7个基本物理量之一，单位为开尔文，简称开（符号为K）。其描述的是客观世界真实的温度，同时也是制定国际协议温标的基础，是一种标定、量化温度的方法。

18. 开氏温度与摄氏度的换算关系是什么?

答：开氏温度（K）=摄氏温度（℃）+273.15

第二节　脱硝技术基础

1. 燃煤形成的 NO_x 可以分为几种?

答：燃煤形成的NO_x可以分为燃料型、热力型和快速型三种。其中，快速型NO_x生成量很少，可以忽略不计。

2. 什么是热力型 NO_x?

答：热力型NO_x指空气中的氮气在高温下氧化而生成NO_x。当炉膛温度在1350℃以上时，空气中的氮气在高温下被氧化生成NO_x，当温度足够高时，热力型NO_x产生量成比例增加。

3. 影响热力型 NO_x 产生的因素是什么?

答：影响热力型NO_x产生的因素是过量空气系数和烟气停留时间。

4. 什么是燃料型 NO_x?

答：燃料型NO_x指燃料中含氮化合物在燃烧过程中进行热分解，继而进一步氧化而生成NO_x。

5. 影响燃料型 NO_x 产生的因素是什么?

答：影响燃料型NO_x产生的因素主要取决于空气燃料的混合比。燃料型NO_x约占NO_x总生成量的60%～80%。过量空气系数越高，NO_x的生成和转化率也越高。

6. 什么是快速型 NO_x?

答：快速型NO_x指燃烧时空气中的氮和燃料中的碳氢离子团如CH等反应生成NO_x。主要是指燃料中碳氢化合物在燃料浓度较高的区域燃烧时所产生的烃，与燃烧空气中的N_2发生反应，形成的CN和HCN继续氧化而生成的NO_x。在燃煤锅炉中，其生成量很小，一般在燃用不含氮的碳氢燃料时才予以考虑。

7. 燃煤锅炉中，氮氧化物主要是哪种类型？

答：燃煤锅炉中，氮氧化物主要是燃料型NO_x。

8. 控制 NO_x 排放的技术分几种类型？

答：控制NO_x排放的技术可分为一次措施和二次措施两类，一次措施是通过各种技术手段降低燃烧过程中的NO_x生成量；二次措施是将已经生成的NO_x通过技术手段从烟气中脱除。

9. 燃煤电厂控制 NO_x 的一次措施有哪些？

答：燃煤电厂污染物控制一次措施有燃料脱硝和改进燃烧方式和生产工艺，减少燃烧过程中NO_x的生成量。

10. 燃煤电厂控制 NO_x 的二次措施有哪些？

答：燃煤电厂氮氧化物污染物控制二次措施是对燃烧后烟气中的NO_x进行治理，即烟气脱硝技术。

11. 燃烧过程中 NO_x 生成的控制途径是什么？

答：对燃烧过程中NO_x生成的控制主要是抑制燃烧中NO_x的形成，其主要方法是通过运行方式的改进或者对燃烧过程进行特殊的控制，抑制燃烧过程中NO_x的生成反应，从而降低NO_x的最终排放量。

12. 燃烧中脱除 NO_x 技术有哪些？

答：燃烧中脱除NO_x技术有低氮燃烧器、空气分级燃烧技术、燃料分级燃烧、烟气再循环。

13. 低氮燃烧技术脱除率是多少？

答：对于燃煤锅炉，采用改进燃烧技术可以达到一定的脱除NO_x效果，但脱除率一般不超过60%。

14. 烟气脱硝工艺大致可分为几种？

答：烟气脱硝工艺大致可分为干法、半干法和湿法三类。烟气脱硝干法包括选择性非催化还原法（SNCR）、选择性催化还原法（SCR）、电子束联合脱硫脱硝法等；半干法有活性炭联合脱硫脱硝法。湿法有臭氧氧化吸收法等。

15. 哪种脱硝技术目前应用最广泛？原因是什么？

答：就目前而言，SCR脱硝（干法）占主流地位，其原因是NO_x经还原后成为无毒的N_2和H_2O，脱硝无副产品；NH_3对烟气中的NO_x可选择性还原，是良好的还原剂。NO_x与SO_2相比，缺乏化学活性，难以被水溶液吸收；所以湿法与干法相比，主要缺点是内衬材料腐蚀严重；排水需要处理，副产品处理较难，电耗大。

16. 氮氧化物超低排放控制技术路线是什么？

答：氮氧化物超低排放控制技术路线是优先采用低氮燃烧技术、SCR烟气脱硝技术实现氮氧化物达标排放。如已采用低氮燃烧技术，可通过优化达到改造目标值；如已采用SCR烟气脱硝技术，应通过在催化剂预留层加装催化剂以提高脱硝效率。如采用上述改造方案氮氧化物不能实现达标排放，可配合采用配煤或SNCR脱硝技术进一步降低氮氧化物排放。

17. 为满足较高脱硝效率的要求，SCR 烟气脱硝技术要充分考虑什么因素？

答：为满足较高脱硝效率的要求，SCR烟气脱硝技术要充分考虑烟气流速、烟气温度、NH_3/NO_x摩尔比分布以及烟气垂直入射角等因素。

18. 为满足机组在低负荷时氮氧化物稳定达标排放，机组可以做哪些改造？

答：为满足机组在低负荷时氮氧化物稳定达标排放，机组主要改造技术方案包括：省煤器分级技术、省煤器烟气旁路技术、省煤器水旁路技术、省煤器流量置换技术、燃油或燃气加热烟气技术、零号高加技术等，应优先采用锅炉燃烧调整、优化吹灰方式等较经济的方式。

第三节　脱硝排放要求

1. 现行的火力发电厂污染物排放标准是什么？

答：现行的火力发电厂污染物排放标准是《火电厂大气污染物排

放标准》（GB 13223—2011）。

2.《火电厂大气污染物排放标准》（GB 13223—2011）是什么时间开始执行的？

答：《火电厂大气污染物排放标准》（GB 13223—2011）是2011年7月29日颁布，2012年1月1日开始执行，代替《火电厂大气污染物排放标准》（GB 13223—2003）。

3. 地方政府是否可以执行地方污染物排放标准？

答：对于《火电厂大气污染物排放标准》（GB 13223—2011）中未作规定的大气污染物项目，地方省级人民政府可以制定地方污染物排放标准，按地方污染物排放标准执行；对于《火电厂大气污染物排放标准》（GB 13223—2011）中已作规定的大气污染物项目，可以制定严于此标准的地方污染物排放标准。当地方标准严于《火电厂大气污染物排放标准》（GB 13223—2011）时，执行地方标准。

4.《火电厂大气污染物排放标准》（GB 13223—2011）主要适用范围是什么？

答：《火电厂大气污染物排放标准》（GB 13223—2011）适用使用单台出力65t/h以上除层燃炉、抛煤机炉外的燃煤发电锅炉；各种容量的煤粉发电锅炉；单台出力65t/h以上燃油、燃气发电锅炉；各种容量的燃气轮机组的火电厂；单台出力65t/h以上采用煤矸石、生物质、油页岩、石油焦等燃料的发电锅炉。整体煤气化联合循环发电的燃气轮机组执行本标准中燃用天然气的燃气轮机组排放限值。

5. 现有火力发电燃煤锅炉氮氧化物排放标准是什么？

答：采用W形火焰炉膛的火力发电锅炉，现有循环流化床火力发电锅炉，以及2003年12月31日前建成投产的或通过建设项目环境影响报告书审批的燃煤锅炉，执行氮氧化物排放标准是200mg/Nm^3，其他燃煤锅炉执行100mg/Nm^3。

6. 新建火力发电燃煤锅炉氮氧化物排放限值是什么？

答：自2012年1月1日起，新建火力发电燃煤锅炉氮氧化物排放限值是100mg/Nm^3。

7. 天然气燃气轮机组氮氧化物排放标准是什么？

答：自2014年7月1日起，天然气燃气轮机组氮氧化物排放标准为50mg/Nm^3。

8. 重点地区指哪些地区？

答：重点地区指根据环境保护工作的要求，在国土开发密度较高、环境承载能力开始减弱，或大气环境容量较小、生态环境脆弱，容易发生严重大气环境污染问题而需要严格控制大气污染物排放的地区。

9. 重点地区氮氧化物排放标准是什么？

答：重点地区燃煤锅炉执行氮氧化物排放标准是100mg/Nm^3，目前实际执行的标准为50mg/Nm^3；天然气燃气轮机组氮氧化物排放标准为50mg/Nm^3。

10. 氮氧化物排放限值是以哪种氮氧化物统计的？

答：氮氧化物排放限值是按换算成NO_2统计。

11. 燃煤锅炉的基准氧含量是多少？

答：燃煤锅炉的基准氧含量是6%。

12. 如何将实测氧含量折合到基准氧含量？

答：大气污染物基准氧含量排放浓度=实测的大气污染物排放浓度×（21−基准氧含量）/（21−实测氧含量）=实测的大气污染物排放浓度×（21−6）/（21−实测氧含量）

13. 超低排放的限值要求是多少？

答：超低排放指燃煤电厂污染物排放限值达到燃气轮机组的标准。根据《火电厂大气污染物排放标准》（GB 13223—2011），以天然气为燃料的燃气轮机组排放限值为：SO_2取35mg/Nm^3；NO_x取50mg/Nm^3；烟尘取5mg/Nm^3。

第二章　烟气脱硝工艺

第一节　工艺基础

1. 什么是锅炉?

答:锅炉是一种能量转换器,它是利用燃料燃烧释放的热能或其他热能将工质水或其他流体加热到一定参数的设备。

2. 按压力分类,锅炉分为哪几类?

答:按压力分类,锅炉分常压锅炉(无压锅炉,就是在一个正常大气压下工作的锅炉)、低压锅炉(压力小于等于2.5MPa)、中压锅炉(压力小于等于3.9MPa)、高压锅炉(压力小于等于10.0MPa)、超高压锅炉(压力小于等于14.0MPa)、亚临界锅炉(压力介于17~18MPa)、超临界锅炉(压力介于22~25MPa)。

3. 按总体布置方式分类,锅炉有哪几种类型?

答:按总体布置方式分类,锅炉有D形、T形、π形、塔式和箱型等多种。

4. 什么是燃烧?

答:燃烧是燃料与氧气或空气进行的快速放热和发光的氧化反应,并以火焰的形式出现。

5. 什么是燃烧效率?

答:燃烧效率是输入锅炉的热量扣除固体不完全燃烧损失的热量和气体不完全燃烧损失的热量后占输入锅炉热量的百分比,是燃烧完全程度的表示。

6. 煤粉燃烧过程的三个阶段是什么?

答:煤粉燃烧过程的三个阶段是着火前的准备阶段、燃烧阶段、燃尽阶段。

7. 煤粉锅炉的燃烧设备包含什么？

答：煤粉锅炉的燃烧设备包括煤粉燃烧器、着火装置和燃烧室（炉膛）。

8. 煤粉燃烧器分为几种？

答：煤粉燃烧器分为旋流式和直流式两种。

9. 旋流燃烧器的特点是什么？

答：旋流燃烧器的出口气流是旋流或旋流与直流的组合，着火条件好，因此能单独布置使用，它可以布置在燃烧室前墙、两侧墙或前后墙，形成L形火焰、U形火焰、W形火焰、对冲燃烧。

10. 直流式煤粉燃烧器的特点是什么？

答：直流式煤粉燃烧器的特点是出口气流是直流，一般由沿高度排列的若干组一、二次风喷口组成。位置的不同可形成不同的燃烧方式，直流燃烧器布置在炉膛的四角时，其几何轴线与矩形（接近正方形）炉膛中心的假想圆相切，在炉膛内形成强烈旋转燃烧气团的燃烧方式，称为切向燃烧方式。当直流燃烧器布置在炉膛顶部或炉膛中部的炉拱上，火焰形状呈U形或W形时，称为U形火焰或W形火焰燃烧方式。

11. 什么是脱硝系统？

答：脱硝系统是采用物理或化学方法脱除烟气中氮氧化物（NO_x）的系统，包括烟气反应系统、还原剂储存及制备系统以及其附属设备。

12. 什么是脱硝效率？

答：脱硝效率是脱硝反应装置脱除的NO_x量与未经脱硝前烟气中所含NO_x量的百分比，其表达式为：

$$脱硝效率 = \frac{C_1 - C_2}{C_1} \times 100\%$$

式中　C_1——脱硝系统运行时脱硝入口处烟气中NO_x含量，mg/Nm^3；
　　　C_2——脱硝系统运行时脱硝出口处烟气中NO_x含量，mg/Nm^3。

13. 什么是 NO$_x$ 排放浓度?

答：NO$_x$排放浓度是每立方米烟气中所携带的NO$_x$的毫克含量，以NO$_2$计。

14. 什么是催化剂模块?

答：催化剂模块是由立方体的钢制框架和装在其中的催化剂单元组成。

15. 什么是催化剂活性?

答：催化剂活性是催化剂促使还原剂与氮氧化物发生化学反应的能力。

16. 什么是催化剂失活?

答：催化剂失活是催化剂失去催化性能。通常分为两类，化学失活和物理失活。化学失活被称为中毒，催化剂中毒的原因主要是反应物、反应产物或杂质占据了催化剂的活性位而不能进行催化反应。物理失活是指催化剂的微孔被堵塞，NO$_x$与催化剂的接触被阻断或表面被其他物质覆盖，使其不能进行催化反应。

17. 什么是脱硝还原剂?

答：脱硝还原剂主要是指在催化剂作用下能与NO$_x$发生选择性还原反应的物质，目前广泛采用的是氨气。氨气制备方法通常包括液氨法、尿素法和氨水法。尿素法又分为尿素热解制氨和尿素水解制氨。

18. 什么是 NH$_3$/NO$_x$ 摩尔比?

答：NH$_3$/NO$_x$摩尔比是喷入氨的摩尔数量与燃烧生成的氮氧化物的摩尔数量之比。

19. 什么是氨逃逸浓度?

答：氨逃逸浓度是指烟气脱硝装置后烟气中氨的质量与烟气体积（标准状态、干基、6%O$_2$）之比，用mg/Nm^{3}表示。

20. 如何计算 SO$_2$ 转化为 SO$_3$ 的比率?

答：SO$_2$转化为SO$_3$的比率计算公式如下：

$$SO_2/SO_3转化率 = \frac{SO_{3出口} - SO_{3入口}}{SO_{2入口}} \times 100$$

式中 $SO_{3出口}$——SCR反应器出口6%O_2含量、干烟气条件下SO_3体积含量，μL/L；

        $SO_{3入口}$——SCR反应器入口6%O_2含量、干烟气条件下SO_3体积含量，μL/L；

        $SO_{2入口}$——SCR反应器入口6%O_2含量、干烟气条件下SO_2体积含量，μL/L。

21. 什么是氨区?

答：氨区指氨卸料、储存及制备的区域。氨区仅指液氨区和氨水区。液氨区又分为生产区和辅助区，生产区再分为卸氨区与储罐及制备区，其中卸氨区含汽车卸氨鹤管、卸氨压缩机等，储罐及制备区含液氨储罐、液氨输送泵、液氨蒸发器、氨气缓冲罐、氨气稀释罐、废水池等；辅助区含控制室、值班室等。氨水区含氨水卸料泵、氨水储罐、氨水计量/输送泵等。

22. 什么是尿素区?

答：尿素区是储存和溶解尿素的区域，包括尿素储存和尿素溶解及溶液储存罐等。

23. 什么是脱硝装置的可用率?

答：脱硝装置的可用率定义为：

$$可用率 = \frac{A-B-C-D}{A} \times 100\%$$

式中 A——机组统计期间可运行小时数；

        B——若相关的发电单元处于运行状态，SCR装置本应正常运行时，SCR装置不能运行的小时数；

        C——SCR装置没有达到NO_x脱除率要求时的运行小时数；

        D——SCR装置没有达到氨的逃逸率要求时的运行小时数。

24. 使用液氨为还原剂有什么特点?

答：使用液氨作为原料的SCR系统，只需将液氨蒸发即可得到氨气；无水液氨作为最纯的反应剂，直接跟NO_x反应生成无害的水和氮气，成本低，无副产品。

25. 使用尿素为还原剂有什么特点?

答：使用尿素作为还原剂时，需先将尿素固体颗粒在容器中完全溶解，由溶液泵送到热解或水解器中，然后通过热交换器将溶液加热至反应温度后分解生成氨气混合气；而尿素在转化为 NH_3 的过程中，即使不考虑尿素本身的纯度因素，还会产生 H_2O、CO_2 等副产品，同时成本相对较高。

26. 使用氨水作为还原剂有什么特点?

答：利用氨水作为还原剂，是将 20%~25% 浓度的氨水溶液通过加热装置使其蒸发，形成氨气和水蒸气。用氨水作为还原剂，氨水会散逸，形成细微的颗粒，造成二次污染。

27. 三种 SCR 还原剂在费用、安全性方面有何区别?

答：三种 SCR 还原剂对比见表 2-1。

表2-1　　　　　　　　　　三种SCR还原剂对比

项目	液氨	氨水	尿素
反应剂费用	一般（100%）	较高（约150%）	最高（180%）
运输费用	一般	较高	一般
安全性	有毒	有害	无害
存储条件	高压	常压	常压，干态
储存方式	储罐（液态）	储罐（液态）	料仓（微粒状）
初投资费用	一般	较高	较高
运行费用	一般，需要蒸发液氨	较高，需要高热量蒸发水和氨	较高，需要高热量分解尿素
设备安全要求	有法律规定	需要	基本上不需要

第二节　低氮燃烧技术

1. 实现低氮燃烧的技术途径有哪些?

答：实现低氮燃烧的技术途径有如下几个方面：

（1）减少燃料周围的氧浓度。包括：减少炉内过量空气系数，以减少炉内空气总量；减少一次风量和减少挥发分燃烬前燃料与二次风的混合，以减少着火区的氧浓度。

（2）在氧浓度较少的条件下，维持足够的停留时间，使燃料中的氮不易生成NO_x，而且使生成的NO_x经过均相或多相反应而被还原分解。

（3）降低燃烧区温度峰值，以减少热力型NO_x的生成，如采用降低热风温度和烟气再循环等。

2. 目前应用广泛的低氮燃烧技术有哪些？

答：目前应用广泛的低氮燃烧技术大概可分为：空气分级燃烧技术、燃料分级燃烧、烟气再循环、低氮燃烧器等技术。

3. 锅炉内的燃烧分为几个区？

答：锅炉内的燃烧分为三个区域：热解区、贫氧区和富氧区。

4. 空气分级燃烧的原理是什么？

答：空气分级燃烧的原理是：当过量空气系数$a<1$，燃烧区处于"贫氧燃烧"状态时，对于抑制在该区中NO_x的生成量有明显效果。根据这一原理，把供给燃烧区的空气量减少到全部燃烧所需用空气量的70%左右，从而既降低了燃烧区的氧浓度，也降低了燃烧区的温度水平。因此，第一级燃烧区的主要作用就是抑制NO_x的生成，并将燃烧过程推迟。燃烧所需的其余空气则通过燃烧器上面的燃尽风喷口送入炉膛与第一级所产生的烟气混合，完成整个燃烧过程。

5. 炉内空气分级燃烧分为几种？

答：炉内空气分级燃烧分轴向空气分级燃烧（OFA方式）和径向空气分级。

6. 轴向空气分级燃烧的作用是什么？

答：轴向空气分级燃烧将燃烧所需的空气分两部分送入炉膛：一部分为主二次风，约占总二次风量的70%～85%；另一部分为燃烬风（OFA），约占总二次风量的15%～30%。

7. 什么是径向空气分级燃烧?

答：径向空气分级燃烧是在与烟气流垂直的炉膛截面上组织分级燃烧，它是通过将二次风射流部分偏向炉墙来实现的。

8. 空气分级燃烧的缺点是什么?

答：空气分级燃烧存在的缺点是二段空气量过大，会使不完全燃烧损失增大；煤粉炉由于还原性气氛易结渣、腐蚀。

9. 什么是燃料分级燃烧?

答：燃料分级燃烧是将燃料分两次送入，80%～85%的燃料被送入主燃区，剩余部分送入再燃区。

10. 燃料分级燃烧如何实现控制 NO_x 排放量?

答：在主燃烧器形成的初始燃烧区的上方喷入二次燃料，形成富燃料燃烧的再燃区，NO_x进入本区后被还原成N_2，可减少80%NO_x。

11. 燃料分级燃烧的关键是什么?

答：燃料分级燃烧的关键是保证再燃区不完全燃烧产物的燃烬，在再燃区的上面还需布置燃烬风喷口。改变再燃烧区的燃料与空气之比是控制NO_x排放量的关键因素。

12. 燃料分级燃烧的缺点是什么?

答：燃料分级燃烧的缺点是为了减少不完全燃烧损失，需加空气对再燃区烟气进行三级燃烧，配风系统比较复杂。

13. 什么是烟气再循环?

答：烟气再循环是把空气预热器前抽取的温度较低的烟气，通过燃烧器下部送入炉内，从而降低燃烧温度和氧的浓度，达到降低NO_x生成量的目的。

14. 烟气再循环的缺点是什么?

答：烟气再循环的缺点是由于受燃烧稳定性的限制，一般再循环烟气率为15%～20%，投资和运行费较大，占地面积大。

15. LNB 是什么意思？

答：LNB是Low NO$_x$ Burner的英文缩写，意思为低氮燃烧器。

16. 什么是低 NO$_x$ 燃烧器？

答：低NO$_x$燃烧器即低氮氧化物燃烧器，是指燃料燃烧过程中NO$_x$生成量低的燃烧器。

17. 低 NO$_x$ 燃烧器分类？

答：低NO$_x$燃烧器分为混合促进型、自身再循环型、多股燃烧型、阶段燃烧型和喷水燃烧型。

18. 为什么低 NO$_x$ 燃烧器改造被普遍应用到脱硝改造中？

答：因为采用低NO$_x$燃烧技术，只需用低NO$_x$燃烧器替换原来的燃烧器，燃烧系统和炉膛结构不需作任何更改。

19. 低氮燃烧器产品有哪些？

答：世界各大锅炉制造厂商分别开发了不同类型的低NO$_x$燃烧器，如美国巴布科克·威尔科克斯DRB-XCL型低NO$_x$燃烧器、德国巴布科克公司WS和DS型低NO$_x$燃烧器、德国斯坦谬勒勒（Steinmuller）公司的SM型、日巴布科克—日立公司的HT／NR型低NO$_x$燃烧器、日本三菱公司的PM型NO$_x$燃烧器、东方电气的多维深度分级燃烧系统（MDSS）和DBC-OPCC燃烧器、哈锅HG-UCCS烟煤旋流燃烧器技术，还有西安热工研究院有限公司新型低NO$_x$燃烧器—DSB燃烧器。

20. 低氮燃烧器改造后对锅炉运行的影响有哪些？

答：低氮燃烧器改造后对锅炉运行的影响有：

（1）低氮燃烧器改造后，一般影响锅炉低负荷燃烧稳定性。

（2）影响锅炉氧量供应，快速升负荷时锅炉主燃烧区氧量易处于供氧不足的状态。

（3）影响过热器和再热器汽温，在低氮燃烧工况下，一般规律是减少氧量会引起气温上升，否则就会有所下降，每次调节应等待锅炉状态稳定后，视气温变化幅度和效果再行决定是否继续调节。

（4）影响锅炉效率和飞灰质量，低氮燃烧会使煤粉不完全燃烧程度增加，降低了锅炉效率，飞灰中未燃尽碳增加。

第三节 SCR 烟气脱硝工艺

1. SCR 是什么意思?

答：SCR是Selective Catalytic Reduction的缩写，意思为选择性催化还原。

2. SCR 的原理是什么?

答：SCR脱硝原理是利用NH_3和催化剂（铁、钒、铬、钴或钼等碱金属）在温度为260～420℃时将NO_x还原为N_2。NH_3具有选择性，只与NO_x发生反应，基本上不与O_2反应，所以称为选择性催化还原脱硝。

3. SCR 脱硝效率能达到多少?

答：SCR脱硝效率达到80%～90%，在众多的脱硝技术中，选择性催化还原法（SCR）是脱硝效率最高、最为成熟的脱硝技术。

4. SCR 技术的优点是什么?

答：SCR技术的优点是：
（1）净化效率高，可达85%以上。
（2）工艺设备紧凑，运行可靠。
（3）还原后的氮气放空，无二次污染。

5. SCR 技术的缺点是什么?

答：SCR技术的缺点是：
（1）烟气成分复杂，某些污染物可使催化剂中毒。
（2）系统中存在一些未反应的NH_3和烟气中的SO_2作用，生成易腐蚀和堵塞设备的$(NH_4)_2SO_4$和NH_4HSO_4，同时还会降低氨的利用率。
（3）投资与运行费用较高。

6. SCR 烟气脱硝技术的反应方程式是什么?

答：SCR烟气脱硝技术的反应方程式是：

$$NO+NO_2+2NH_3 \longrightarrow 2N_2+3H_2O$$
$$4NO+4NH_3+O_2 \longrightarrow 4N_2+6H_2O$$

7. NH_3 和 NO_x 在催化剂上的主要反应过程是什么？

答：NH_3和NO_x在催化剂上的主要反应过程为：
（1）NH_3通过气相扩散到催化剂表面。
（2）NH_3由外表面向催化剂孔内扩散。
（3）NH_3吸附在催化剂的活性中心上。
（4）NO_x从气相扩散到吸附态NH_3表面。
（5）NH_3和NO_x反应生成N_2和H_2O。
（6）N_2和H_2O通过微孔扩散到催化剂表面。
（7）N_2和H_2O扩散到气相主体。

8. SCR 烟气脱硝（液氨法）技术包含哪些工艺系统？

答：SCR脱硝工艺系统可分为液氨储运系统、氨气制备和供应系统、氨/空气混合系统、氨喷射系统、SCR反应器系统和废水吸收处理系统等。

9. SCR 烟气脱硝（液氨法）技术工艺流程是什么？

答：SCR烟气脱硝技术工艺流程是液氨由槽车运送，利用卸料压缩机输入储氨罐内，并依靠自身重力和压差将储氨罐中的液氨输送到液氨蒸发槽内蒸发为氨气，后经与稀释风机鼓入的稀释空气在氨/空气混合器中混合，浓度降低到5%以下后送达氨喷射系统。在SCR入口烟道处，经喷氨格栅均匀喷射出的氨气和来自锅炉省煤器出口的烟气混合后进入SCR反应器，通过催化剂进行脱硝反应，最终达到脱硝的目的。

10. SCR 反应器布置形式有几种？

答：SCR反应器布置形式有三种，分为高灰、低灰、尾端。

11. 什么是高灰布置？

答：高灰布置方式为反应器设置在省煤器后、空气预热器前。此区域温度下的催化剂活性最佳，使用节距较大的催化剂，且要求催化剂的支撑结构在高温下应有足够的强度和稳定性。

12. 什么是低灰布置？

答：低灰布置方式为反应器设置在除尘器和脱硫装置之间。应设置辅助加热装置以提高进入反应器的烟气温度，低灰布置可使用节距较小的催化剂。

13. 什么是尾端布置？

答：尾端布置方式为反应器设置在脱硫装置之后。应设置辅助加热装置以提高进入反应器的烟气温度，宜采用高活性的催化剂。

14. SCR 反应器的作用是什么？

答：SCR反应器为催化剂提供支撑，提供氮氧化物与氨发生反应的物理空间。

15. SCR 反应器是否可以安装烟气旁路系统？

答：SCR反应器不宜装设烟气旁路系统。

16. 什么是 SCR 反应器设计流速？

答：SCR反应器设计流速是指SCR反应器中未安装催化剂时的烟气流速，通常指催化剂床层截面的烟气流速，单位为m/s。

17. SCR 反应器空塔流速设计范围是什么？

答：SCR反应器空塔流速设计范围是4～6m/s。

18. SCR 反应器的常规层数设计为几层？

答：SCR反应器本体一般采用三层设计，两层安装催化剂，预留一层备用，可为以后更改煤种调整运行工况提供催化剂的扩展空间。

19. SCR 反应器入口是否设置灰斗？

答：SCR反应器入口宜设置灰斗，如锅炉省煤器出口已设有灰斗，SCR反应器入口烟道可不设灰斗。

20. 什么是 CFD？

答：CFD是英文Computational Fluid Dynamics（计算流体动力学）的简称，它是伴随着计算机技术、数值计算技术的发展而发展的。简单地说，CFD相当于"虚拟"地在计算机做实验，用以模拟仿真实际的流体流动情况。而其基本原理则是数值求解控制流体流动的微分方程，得出流体流动的流场在连续区域上的离散分布，从而近似模拟流体流动情况。

21. 脱硝设计中流场模拟的目的是什么？

答：脱硝设计中流场模拟的目的是得到完善的导流板设计，使脱硝整个烟气流场经过导流后达到均一、稳定的效果。

22. 物理模型在脱硝计算中的作用是什么？

答：物理模型是根据流场模拟的结果，在实验室搭出"微型"的整个脱硝烟气系统模型。利用实验室模拟烟气，实际观察和测量流畅模拟的结果是否正确，并对流场模拟提出修改意见。

23. 物理模型的比例是多少？

答：物理模型的比例是1∶10或者1∶15。

24. 判断流场模拟的均匀性，数据取样在哪一个截面？

答：数据取样在最顶层催化剂入口位置。

25. SCR 反应器及入口烟道整体设计应充分考虑哪些因素？

答：SCR反应器及入口烟道整体设计应充分考虑烟气流速偏差、烟气流向偏差、烟气温度偏差、NH_3/NO_x摩尔比偏差等。

26. CFD 流场模拟的目标是什么？

答：CFD流场模拟的目标是最顶层催化剂入口应满足：

（1）入口烟气流速偏差宜<15%（相对标准偏差率）。

（2）入口烟气夹角宜<±10°。

（3）入口烟气温度偏差宜<±10℃。

（4）NH_3/NO_x摩尔比偏差宜<5%（相对标准偏差率）。

27. SCR 反应器整体温降应不大于多少摄氏度？

答：SCR反应器整体温降在综合散热、漏风和烟气脱硝化学反应等影响条件下应不大于3℃。

28. 反应器吹灰系统有几种？

答：反应器吹灰系统有三种。吹灰器根据煤质及运行维护条件等可选用蒸汽吹灰器、声波吹灰器或者两种方式组合。

29. 对于烟气含灰量在 50g/m³ 以上、水分含量较大或方向性大的烟气，宜选用什么形式的吹灰器？

答：对于烟气含灰量在50g/m³以上、水分含量较大或方向性大的烟气，宜优先考虑蒸汽吹灰方式或声波和蒸汽联用吹灰。

30. 声波吹灰器气源为仪用空气还是杂用空气？

答：声波吹灰器气源优先选用仪用空气。杂用空气中含水、含油，这两种成分会造成失气、膜片污染。所以，当选用杂用空气时，应考虑管道放水，保证气体温度不凝结出水，设计除油装置。

31. 声波吹灰器气源压力范围是多少？

答：供气压力为0.5～0.7MPa。

32. 声波吹灰器耗气量是多少？

答：声波吹灰器耗气量是1.14～2.28Nm³/min（连续喷吹时）。

33. 氨/空气混合系统包含哪些设备？

答：氨/空气混合系统主要包括稀释风机和氨/空气混合器。

34. 稀释风与氨气的比例是多少？

答：稀释风与氨气体积的比例是95∶5。

35. 氨气与空气混合浓度报警值是多少？

答：氨气与空气混合浓度报警值是7%。

36. 氨气与空气混合浓度切断值是多少？

答：混合浓度高于12%时应切断还原剂供给系统。

37. 稀释风裕量应满足什么要求？

答：稀释风风量裕量为10%，压头裕量为20%。

38. 什么是喷氨混合系统？

答：喷氨混合系统是指在SCR反应器进口烟道内将经空气稀释后的氨气喷入及与烟气均匀混合的系统，一般包括喷氨格栅、烟气混合器等设备。

39. 氨喷射格栅的作用是什么？

答：氨喷射格栅的作用是使氨气均匀分布于烟气中，利于NH_3和NO_x充分混合，提高脱硝效率。

40. SCR 脱硝系统的还原剂有几种？

答：SCR脱硝系统的还原剂有三种：液氨、尿素和氨水。

41. 液氨制氨气的流程是什么？

答：液氨制氨气是将通过液氨储罐内自身压力将液氨输送至液氨蒸发槽内，采用水浴式或电加热将其蒸发成氨气。

42. SCR 系统的还原剂如何选择？

答：液氨由于费用低，初期投资便宜，一直在还原剂中占有主要地位。近些年，由于安全的考虑和技术的发展，尿素也越来越多的被选为还原剂。

43. 液氨储罐单罐储存容积宜小于多少立方米？

答：液氨储罐单罐储存容积宜小于120m³。

44. 液氨储罐的充装系数取为多少？

答：液氨储罐设计装量系数应不大于0.90。

45. 液氨储罐本体液相开孔径不得大于多少？

答：液氨储罐本体液相开孔径不得大于DN80。

46. 液氨系统的管道设计压力不低于多少？

答：液氨系统的管道设计压力不低于2.16MPa。

47. 液氨储罐应设置超温保护装置，超温设定值不高于多少摄氏度？

答：液氨储罐应设置超温保护装置，超温设定值不高于40℃。

48. 液氨储罐应设置超压保护装置，超压设定值不大于多少？

答：液氨储罐应设置超压保护装置，超压设定值不大于1.6MPa。

49. 液氨储罐区、蒸发区及卸料区氨泄漏检测仪报警值、保护动作值为多少?

答：液氨储罐区、蒸发区及卸料区应分别设置氨泄漏检测仪。氨泄漏检测仪报警值为$15mg/m^3$（20ppm），保护动作值为$30mg/m^3$（40ppm）。

50. 氨气供应是否需要泵? 为什么?

答：氨气供应一般是不需要泵提供压力的，氨气的饱和压力，可以实现氨气输送到SCR反应区。当环境温度极低时，饱和压力不足以满足管道压力损失时，需要增加液氨输送泵。

51. 液氨蒸发槽的主要热源是什么?

答：液氨蒸发槽的主要热源是蒸汽，蒸汽将储氨罐输送来的液氨蒸发为氨气。

52. SCR 设计需要提供哪些基础数据?

答：为确保SCR系统达到设计性能并能安全稳定运行，需要提供如下数据供设计人员进行SCR系统的选型：

（1）煤种的工业分析和元素分析。

（2）煤种的其他常量和微量元素分析。

（3）飞灰粒径分布。

（4）飞灰的矿物质成分分析。

（5）烟气体积流量（标态，湿基或干基）。

（6）烟气温度范围。

（7）烟气中飞灰含量（标态，干基，过剩空气系数α）。

（8）烟气组分分析。

53. 不同含氧量的 NO_x 数值如何换算?

答：不同含氧量的NO_x数值换算如下：

$$NO_x = \frac{21-O_2}{21-O^*} \times NO_x^*$$

式中　　NO_x——实际O_2下NO_x含量，mg/Nm^3；

　　　　NO_x^*——6%O_2下NO_x含量，mg/Nm^3；

　　　　O_2——实际O_2含量，%；

O_2^*——6%O_2，%。

54. 还原剂消耗量如何估算？

答：在燃煤电站SCR工艺中，由于NO的含量占整个NO_x的95%左右，所以如下方程式是主要的反应：

$$4NO+4NH_3+O_2 \longrightarrow 4N_2+6H_2O$$

所以，一台炉脱硝还原剂的消耗量可以通过以下公式进行估算：

$$V_{NH_3}=\frac{17}{44} \times M \times C_{NO_x} \times V_g \times \frac{21-\alpha}{21-6} \times \left(1-\frac{C_{H_2O}}{100}\right) \times 10^{-8} / \left(1-\frac{\beta}{100}\right)$$

式中　V_{NH_3}——NH_3流量，kg/h；

　　　M——摩尔比；

　　　C_{NO_x}——NO_x含量（标态，干基，6%O_2），mg/Nm^3；

　　　C_{H_2O}——烟气中 H_2O的含量，%；

　　　V_g——烟气流速（湿基），Nm^3/h；

　　　β——氨的逃逸率；

　　　α——实际O_2量。

55. 根据 NH_3 的消耗量如何计算稀释风量？

答：根据NH_3的消耗量计算稀释风的量，具体如下：

$$V_{air}=\frac{95}{5} \times V_{NH_3}（BMCR）$$

$$V_{NH_3}=\frac{1}{0.771} \times W_{NH_3}$$

式中　V_{air}——稀释空气比率，Nm^3/h；

　　　V_{NH_3}——NH_3体积流量，Nm^3/h；

　　　W_{NH_3}——NH_3质量流量，kg/h。

56. 影响 SCR 脱硝性能的关键因素有哪些？

答：SCR系统影响脱硝效率的主要因素包括烟气温度、烟气流速、催化剂性能、氨氮比例及均匀程度。

57. 温度对 SCR 脱硝性能有何影响？

答：反应温度对脱硝效率有较大的影响。工业SCR脱硝催化剂的适用温度区间一般在300～420℃，在活性温度窗口之外，催化剂的脱硝效率较低。

58. 为什么温度超过 400℃，脱硝效率会下降？

答：这主要是因为在SCR过程中温度的影响存在两种趋势：一方面温度升高时脱硝反应速率增加，脱硝率升高；另一方面随温度升高，NH_3氧化反应加剧，使脱硝率下降。最佳温度是这两种趋势对立统一的结果。

59. SCR 脱硝最佳温度区间是什么？

答：SCR脱硝最佳温度区间是在300～420℃，此时催化剂活性最大，这也是将SCR反应器布置在锅炉省煤器与空气预热器之间的原因。

60. SCR 脱硝系统最高连续运行烟温是多少摄氏度？

答：SCR脱硝系统最高连续运行烟温为420℃。

61. 工程设计氨逃逸不大于多少？

答：工程设计氨逃逸不大于3ppm。

62. 工程设计 SO_2 生成 SO_3 的转化率要小于多少？

答：设计煤含硫量小于2.5%时，SO_2/SO_3的转换率宜小于1%；设计煤含硫量大于等于2.5%时，SO_2/SO_3的转换率宜小于0.75%。

63. 物质的量比 n（NH_3）/n（NO_x）对脱硝反应有何影响？

答：物质的量比n（NH_3）/n（NO_x）对脱硝反应的影响为：若NH_3投入量偏低，脱硝率受到限制；若NH_3投入量超过需要量，NH_3氧化等副反应的反应速率将增大。

64. 反应气体与催化剂的接触时间对脱硝效率有何影响？

答：在温度和物质的量比为定值的条件下，脱硝效率随烟气与催化剂的接触时间t的增加而迅速增加；脱硝效率达到最大值后逐渐下降。这主要是由于反应气体与催化剂的接触时间增加，有利于反应气体在催化剂微孔内的扩散、吸附、反应和产物气的解吸、扩散，从而使脱硝率提高；但若接触时间过长，NH_3氧化反应开始发生，使脱硝率下降。

65. 催化剂中 V_2O_5 的质量分数对脱硝效率有何影响？

答：催化剂中V_2O_5的质量分数低于6.6%时，随V_2O_5质量分数的增加，催化效率增加，脱硝效率提高；当V_2O_5的质量分数超过6.6%时，催化效率反而下降。这主要是由于V_2O_5在载体TiO_2上的分布不同造成的；当V_2O_5的质量分数为1.4%～4.5%时，V_2O_5均匀分布于TiO_2载体上，且以等轴聚合的V基形式存在；当V_2O_5的质量分数为6.6%时，V_2O_5在载体TiO_2上形成新的结晶区（V_2O_5结晶区），从而降低了催化剂的活性。

66. SCR 脱硝装置产生的烟气阻力包括哪几方面？

答：SCR脱硝装置产生的烟气阻力包括烟气在烟道中的沿程阻力、局部阻力和催化剂本身的阻力。

67. SCR 脱硝装置产生的烟气阻力如何估算？

答：SCR脱硝装置产生的烟气阻力可以按照每层催化剂的烟气阻力约为200Pa，烟道每个弯头、大小头约为50Pa进行估算。三层催化剂的脱硝装置，烟气侧阻力增加应不超过1000Pa。

68. SCR 脱硝装置对锅炉引风机的影响是什么？

答：SCR脱硝装置对锅炉引风机的影响主要是压头增大。对于已有机组加装烟气脱硝的系统来说，由于烟道阻力损失、SCR脱硝装置阻力损失和空预器阻力损失增大，造成引风机压头增大，从而增加引风机的功率和电耗。增加的烟气阻力有可能超出原有引风机的容量裕度，这时必须增加引风机的容量，进行引风机改造。

69. SCR 脱硝装置对回转式空气预热器的影响是什么？

答：SCR脱硝装置对回转式空气预热器的影响是：烟气中部分SO_2被催化氧化为SO_3，从脱硝反应器逃逸的部分氨与烟气中的SO_3和H_2O反应生成硫酸氢铵，增加了空气预热器堵塞和腐蚀的风险。

70. 增加 SCR 脱硝装置后，回转式空气预热器会有什么变化？

答：增加SCR脱硝装置后，回转式空气预热器的变化有：流通截面积减小、阻力的增加、换热元件的效率降低。硫酸氢铵牢固黏附在空气预热器蓄热元件的表面上，使蓄热元件发生积灰。这些沉积物将减小空气预热器内流通截面积，从而引起空气预热器阻力的增加，同时降低空气预热器换热元件的效率。

71. SCR 脱硝装置对锅炉热效率的影响是什么？

答：SCR脱硝装置对锅炉热效率的影响是降低热效率。由于SCR脱硝装置反应器面积很大，而且连接烟道较长，增大了系统的散热面积，使锅炉的散热损失增加。现有机组加装SCR脱硝系统，由于反应器无法布置在锅炉附近，甚至需要布置在锅炉厂房外，烟道需要加长，散热损失将增加较多，锅炉热效率随之降低。

第四节　SNCR 烟气脱硝工艺

1. SNCR 是什么的缩写？

答：SNCR是Selective Non-Catalytic Reduction的缩写，意思为选择性非催化氧化还原法。

2. SNCR 技术原理是什么？

答：SNCR脱硝技术是指在没有催化剂的条件下，利用还原剂有选择地与烟气中的NO_x发生化学反应，生成N_2和H_2O，脱除烟气中部分NO_x的一种脱硝技术。

3. SNCR 技术反应方式是什么？

答：（1）当用尿素作还原剂时，SNCR技术反应方程式可简单表示为：

$$H_2NCONH_2 + 2NO + 1/2O_2 \longrightarrow 2N_2 + CO_2 + H_2O$$

（2）若以NH_3为还原剂，其反应式为：

$$4NH_3 + 4NO + O_2 \longrightarrow 4N_2 + 6H_2O$$

4. SNCR 脱硝效率范围是什么？

答：设计合理的SNCR工艺能达到30%～60%的脱除效率。

5. SNCR 脱硝工艺可选择的还原剂有哪些？

答：SNCR脱硝工艺可选择的还原剂有尿素溶液和氨水。

6. SNCR 脱硝技术选择的温度区间是什么?

答:SNCR脱硝技术选择的温度区间是:如采用尿素作为还原剂,最佳反应温度宜为900~1150℃;如采用氨水作为还原剂,最佳反应温度宜为870~1100℃。

7. SNCR 脱硝技术 NH₃ 逃逸控制范围是什么?

答:SNCR脱硝技术NH₃逃逸控制范围是:当燃煤含硫量不大于1%时,SNCR工艺的最大氨逃逸浓度宜不大于15μL/L,当燃煤含硫量大于1%且不大于2.5%时,SNCR工艺的最大氨逃逸浓度宜不大于10μL/L,当燃煤含硫量大于2.5%时,SNCR工艺的最大氨逃逸浓度宜不大于5μL/L。

8. SNCR 技术的优点是什么?

答:SNCR技术的优点是:不需催化剂;不增加系统压力损失;不受燃料变化的影响;投资成本以及运行成本低;比较适合于环保要求不高的改造机组。

9. SNCR 技术的缺点是什么?

答:SNCR技术的缺点是:脱硝效率较低;反应剂和运载介质(空气)的消耗量大;氨的逃逸量大,影响锅炉效率。

10. SNCR 技术氨的逃逸量大原因是什么?

答:SNCR技术氨的逃逸量大的原因:一是由于喷入点烟气温度低影响了氨与NO_x的反应;二是喷入的还原剂过量或还原剂分布不均匀。

11. 典型的 SNCR 工艺系统包含什么?

答:典型的SNCR工艺系统由还原剂存储系统、稀释系统、计量系统、分配系统和喷射系统组成。

12. SNCR 系统烟气脱硝工艺过程是什么?

答:SNCR系统烟气脱硝工艺过程是:
(1)接收、储存、制备还原剂。
(2)还原剂的计量输出、与水混合稀释。
(3)在锅炉合适位置注入稀释后的还原剂。

（4）还原剂与烟气混合进行脱硝反应。

13. 为什么选择尿素作为 SNCR 烟气脱硝技术的还原剂?

答：选择尿素作为SNCR烟气脱硝技术的还原剂，主要原因是鉴于SNCR系统本身的特点，在炉内高温烟气条件下，尿素溶液具有更好的扩散性，且液气混合所需的动力更小并能达到更好的混合效果。

14. 尿素作为脱硝还原剂有哪些优势?

答：尿素作为脱硝还原剂的优势有：
（1）安全性高.
（2）运输和储存都没有特别的安全管理要求。
（3）无需进行特别的安全、防火评估。
（4）占地面积小。

15. SNCR 设计需要提供哪些基础技术数据?

答：SNCR设计需要提供的基础技术数据有：
（1）烟气体积流量（101.325kPa，0℃，湿基/干基）。
（2）锅炉热力计算书。
（3）锅炉相关图纸。
（4）热量输入及其变化情况。
（5）水、电、蒸汽等消耗品的介质参数。
（6）炉膛出口过剩空气系数。
（7）负荷变化范围。
（8）炉内温度和温度断面。
（9）飞灰粒径分布。
（10）可允许的用于反应剂喷射空间。
（11）煤种的工业分析。
（12）煤的元素分析。
（13）烟气组分全分析（包括NO_x、SO_2、SO_3等）。

16. SNCR 烟气脱硝技术的应用情况是怎样的?

答：选择性非催化氧化还原法工艺，最初由美国的Exxon公司发明并于1974年在日本成功投入工业应用，欧盟国家从20世纪80年代末一些燃煤电站也开始SNCR技术的工业应用，在美国的SNCR技术在燃煤电站的工业应用是从20世纪90年代初开始的，目前国内的大唐阳城电厂2×600MW机组、大唐金竹山2×600MW机组、江苏阚山一期2×600MW机组、华能伊敏2×600MW机组等的SNCR工程已经建成投运。

17. 决定 SNCR 脱硝效率的主要因素是什么？

答：SNCR脱硝效率的主要因素是反应温度、NH_3与NO_x的化学计量比、混合程度，反应时间等。SNCR工艺的温度控制至关重要，若温度过低，NH_3的反应不完全，容易造成NH_3泄漏；而温度过高，NH_3则容易被氧化为NO，抵消了NH_3的脱除效果。温度过高或过低都会导致还原剂损失和NO_x脱除率下降。

18. 反应温度对 SNCR 脱硝效率有什么影响？

答：SNCR反应需要在合适的温度区间进行，若温度过低，还原剂与NO_x没有足够的活化能使脱硝反应快速进行，致使还原反应速率下降，脱硝效率下降，导致氨气反应不完全，增大了氨逃逸量，从而造成二次污染；随着温度的升高，分子运动加快，当温度上升到800℃以上时，化学反应速率明显加快，在900℃左右时，NO的消减率达到最大；然而，随着温度的继续升高，超过1200℃后，尿素本身也会被氧化成NO_x，从而增加NO_x的排放，脱硝效率下降。因此，SNCR脱硝技术成功应用的关键是：在合适的温度范围内喷入还原剂，并且与烟气中的NO_x迅速混合，在有限的停留时间内完成NO_x的还原反应。

19. 最佳的还原剂喷射温度窗口一般布置在锅炉的什么位置？

答：最佳的还原剂喷射温度窗口通常在折焰角附近的屏式过、再热器及水平烟道的末级过、再热器所在的对流区域。

20. 炉负荷、煤种变化时，为保持温度窗口，还原剂喷射应如何调整？

答：炉负荷、煤种变化时，为保持温度窗口，还原剂喷射应做如下调整：

（1）在线调整雾化液滴的粒径大小与含水量，缩短或延长液滴的蒸发与热解时间，使热解产物NH_3投送到合适的脱硝还原反应区域。

（2）通常多层或每层的个别喷射器，高负荷时投运上层喷射器，低负荷时投运下层喷射器。

21. 什么是停留时间？

答：停留时间是指还原剂在炉内完成与烟气的混合、液滴蒸发、热解成NH_3、NH_3转化成游离基NH_2、脱硝化学反应等全部过程所需要的时间。

22. 停留时间对 SNCR 脱硝效率有什么影响？

答：延长反应区域内的停留时间，有助于反应物质扩散传递和化学反应，提高脱硝效率。当合适的反应温度窗口较窄时，部分还原反应将滞后到较低的温度区间，较低的反应速率需要更长的停留时间，以获得相同脱硝效率。

23. 停留时间应为多长时间？

答：停留时间至少应超过0.5s。当停留时间超过1s时，易获得较高的脱硝效果。

24. 为什么循环流化床相对于煤粉炉 SNCR 脱硝效率要高？

答：对于循环流化床来说，由于燃烧器以及辐射受热面的布置的特殊性，反应剂在反应区域内的停留时间甚至可以达到2s，相对于普通煤粉炉，可以得到很好的脱硝效率。

25. SNCR 脱硝工艺 NH_3/NO_x 摩尔比的范围是多少？

答：SNCR脱硝工艺NH_3/NO_x摩尔比一般控制在1.0～2.0之间。

26. 保证脱硝还原剂与烟气充分均匀混合的措施有哪些？

答：保证脱硝还原剂与烟气充分均匀混合的措施有：

（1）先进的雾化器喷嘴，控制雾化液滴的粒径、喷射角度、穿透深度及覆盖范围。

（2）选取合适的雾化器布置位置。

（3）强化尿素喷射器下游烟气的湍流混合，增加反应温度区域内的NH_3/NO_x扩散，提高反应速率。

（4）提高雾化液滴的喷入速度，以增强其在尾部烟气两相流中的穿透性。

27. 尿素区尿素溶液浓度是多少？喷入炉膛的尿素溶液的浓度是多少？

答：尿素区尿素溶液浓度是50%（质量分数），喷入炉膛的尿素溶液的浓度为10%（质量分数）左右。

28. 尿素溶液计量系统的作用是什么？

答：尿素溶液计量系统的作用是根据尿素溶液浓度、烟气中NO_x的浓度、锅炉负荷，自动调节锅炉各个注入区域尿素溶液的总流量，也可调节单个喷射器的尿素溶液流量。

29. 尿素溶液计量系统的设备宜布置在靠近锅炉房的区域还是尿素区？

答：尿素溶液计量系统的设备宜布置在靠近锅炉房的区域。因为计量系统出口的尿素溶液直接输送到喷枪系统，保证喷枪系统持续稳定的尿素溶液供给。

30. 尿素溶液分配系统的作用是什么？

答：尿素溶液分配系统用于分配每个注入区域中各个喷射器的流量。每台锅炉可设置若干套尿素溶液分配系统，用于分配每个喷射器的流量。

31. 尿素溶液喷射系统的作用是什么？

答：尿素溶液喷射系统用于将尿素溶液雾化后以一定的角度、速度和液滴粒径喷入炉膛，参与脱硝化学反应。

32. 喷射器的作用和形式是什么？

答：喷射器用于扩散和混合尿素溶液，可采用墙式喷射器、单喷嘴枪式喷射器和多喷嘴枪式喷射器。墙式喷射器是由炉墙往炉膛内喷射。单喷嘴枪式喷射器和多喷嘴枪式喷射器伸入炉内喷射，喷射器伸入炉内的长度应依据锅炉宽度而定。

33. SNCR 脱硝技术的核心是什么？

答：SNCR脱硝技术的核心是喷射区域、喷射器的种类、数量和位置。

34. 喷射器进口设置雾化气，雾化气的气源是什么？

答：喷射器进口设置雾化气，雾化气的气源是厂用压缩空气或蒸汽接口。

35. 加装 SNCR 系统对锅炉有哪些影响？

答：加装SNCR系统会造成锅炉效率降低、受热面管材和尾部烟道腐蚀。

36. 加装 SNCR 系统对锅炉效率有什么影响？

答：加装SNCR系统会降低锅炉效率。尿素水溶液喷入炉膛高温烟气中，雾化液滴的蒸发热解是一个吸热过程，需要从烟气中吸收部分热量，这会增加锅炉的热损失。通常可以控制尿素溶液的喷入量，使SNCR装置对锅炉热效率的影响小于0.3%～0.5%。

37. 加装 SNCR 系统对受热面管材和尾部烟道有什么影响？

答：加装SNCR系统会增加尾部烟道腐蚀的风险。SNCR脱硝反应过程中，部分未参与反应的NH_3随烟气进入下游烟道。在146～207℃温度区间，气态氨与烟气中SO_3反应生成黏性较强的NH_4HSO_4，容易造成下游烟道腐蚀。

第五节　SNCR+SCR 烟气脱硝工艺

1. 什么情况下会选择 SNCR+SCR 联合工艺？

答：如下情况会选择SNCR+SCR联合工艺：

（1）循环流化床锅炉脱硝改造项目。循环流化床锅炉由于其循环回路的温区相对稳定，且与SNCR反应温度吻合，故SNCR在循化流化床锅炉中广泛应用，在运行良好的工况下可以达到60%的脱硝效率。但随着环保标准的日益严格，这样的脱硝效率不能满足排放要求，故会增加SCR工艺，以达到排放指标。

（2）对于W火焰锅炉，由于NO_x生成浓度较高，为了实现氮氧化物超低排放，建议采用SNCR+SCR联合工艺。

2. SNCR+SCR 联合工艺包含什么系统？

答：SNCR+SCR联合工艺是由SNCR和SCR系统联合组成，包括还原剂制备存储系统、SNCR系统和SCR系统。

3. SNCR+SCR 联合技术选用还原剂有几种？

答：SNCR+SCR联合技术选用还原剂有两种，宜采用尿素，也可采用氨水。

4. SNCR+SCR 混合脱硝工艺中，还原剂氨水适用于什么样的锅炉？

答：SNCR+SCR 混合脱硝工艺中，还原剂氨水仅适用于蒸发量不大于400t/h 的锅炉。

5. SNCR+SCR 联合工艺是否需要稀释风系统？

答：SNCR+SCR联合工艺不需要稀释风系统。SNCR+SCR联合工艺中，SCR中催化反应的部分利用SNCR中逃逸还原剂，故不需要稀释风系统。

6. SNCR+SCR 联合工艺是否需要氨喷射系统？

答：SNCR+SCR联合工艺不需要氨喷射系统。SNCR+SCR联合工艺中，SCR脱硝是利用SNCR脱硝的逃逸氨作为还原剂，无需再单独设置氨喷射系统。

第一节　液氨系统

1. 液氨存储及氨气制备系统一般如何配置?

答：液氨存储及氨气制备系统宜为全厂公用，当机组台数较多或考虑扩建需要时，可根据总平面布置采取分组布置。

2. 液氨存储及供应系统的组成有哪些?

答：液氨存储及供应系统包括液氨卸料压缩机、液氨储罐、液氨蒸发槽、液氨供应泵、氨气缓冲罐、氨气稀释槽、废水池及废水泵、稀释风机、氨/空混合器、阀门、管路及附件等。

3. 氨气制备及喷射的过程如何?

答：液氨由液氨槽车运送至厂区，利用卸料压缩机将液氨卸入液氨储罐内；储罐中的液氨送到液氨蒸发槽内蒸发为氨气，蒸发槽出口的氨气进入氨气缓冲罐，经氨气缓冲罐来控制供氨的压力恒定，氨气与稀释风机出口的冷空气在氨空气混合器中混合均匀后，再通过喷氨格栅上的喷嘴喷入烟道。氨气流量由炉前喷氨流量调节阀控制。寒冷地区用液氨供应泵将储罐中的液氨送到液氨蒸发槽，非寒冷地区可不设置液氨供应泵。

4. 液氨系统有哪些废气、废液需要排放?

答：氨气系统排放的废气主要由液氨卸料压缩机卸料过程中和设备安全阀排放产生，废液主要由液氨储罐排污产生，废气和废液均排入到氨气稀释槽中，经水的吸收后排入废水池，再经由废水泵送往电厂废水处理系统统一处理。

5. 液氨储罐的设计要求有哪些?

答：液氨具有一定的腐蚀性，在材料、设备存在一定应力的情况下，可能造成应力腐蚀开裂。液氨容器除按一般压力容器规范和标准设计制造外，要特别注意选用合适的材料，在极端最低温度低于-20℃时，应选用低温钢。

6. 液氨储存系统的设计要求有哪些？

答：液氨储存及供应系统设在符合规定的安全区域，与相近的其他设备、厂房之间要有一定的安全防火防爆距离，在适当位置设置室外防火栓、防雷、防静电接地装置等，并应符合《石油化工企业防火设计规范》（GB 50160—2008）、《火力发电厂烟气脱硝设计技术规程》（DL/T 5480—2013）等相关标准、规程及规范。氨区应装有足够的氨气泄漏检测（选型要考虑布置在室外极端温度下的可靠运行）及火灾报警和消防控制系统，并纳入全厂报警系统，氨气泄漏仪的安装数量须符合《石油化工可燃气体和有毒气体检测报警设计规范》（GB 50493—2009）。

7. 液氨供应系统的设计要求有哪些？

答：液氨供应系统的设计要求有：

（1）与氨接触的相关管道、阀门、法兰、仪表、泵等设备选择时，必须满足抗腐蚀要求，并采用防爆、防腐型户外电气装置。

（2）与氨接触的阀门、法兰全采用不锈钢材质，过流部分材料中不能含有铜、锌和铝元素。

（3）氨站应设防雨、防晒措施。喷淋、消防设施须做好防冻、保温、伴热的措施。

（4）卸料压缩机、液氨储罐、液氨蒸发槽、氨气缓冲罐及氨输送管道等，都应备有氮气吹扫系统。

（5）液氨的供应系统应能满足锅炉不同负荷的要求，且调节方便、灵活与可靠。

8. 卸料压缩机的技术要求有哪些？

答：一套氨气制备系统通常设置两台卸料压缩机，一运一备。卸料压缩机入口前设置气液分离器，卸料压缩机抽取液氨储罐中部的氨气，经压缩机压缩后将氨气打入槽车储罐中，从而将槽车储罐中的液氨推挤入液氨储罐中。在选择压缩机排气量时，要考虑液氨储罐内液氨的饱和气压、液氨卸车流量、液氨管道阻力及卸氨时气候温度等。

9. 液氨储罐的技术要求有哪些?

答：一套氨气制备系统通常设置两台液氨储罐，两台储罐的总容量设计应能满足系统内所有机组的锅炉在BMCR工况下连续运行7天的液氨消耗量。储罐上应安装有流量阀、逆止阀、紧急关断阀和安全阀等，并装有温度计、压力表、液位计、高液位报警仪和相应的液位变送器等。储罐应有防太阳辐射措施，四周安装有工业水喷淋管线及喷嘴，当储罐本体温度过高时，自动启动喷淋水装置降温。

10. 液氨供应泵的技术要求有哪些?

答：在设计时要考虑到冬季环境温度过低时，导致储罐压力不足，无法向蒸发槽正常供应液氨的情况，因此在极端温度低于−20℃的地区采用液氨供应泵来供应。一般一套系统设置两台液氨供应泵，一运一备。

11. 液氨蒸发槽的技术要求有哪些?

答：一套氨气蒸发系统的液氨蒸发槽通常设置有一台备用。其他液氨蒸发槽的容量应能满足系统内所有供应机组在锅炉BMCR工况下的氨耗量，并留有20%的裕量。液氨蒸发所需要的热量采用蒸汽加热来提供。液氨蒸发槽上装有压力控制阀将氨气出口压力控制在一定范围，当出口压力过高时，切断液氨进料。在氨气出口管线上应装有温度测量装置，当温度过低时切断液氨，从而使到氨气缓冲槽的氨气维持适当温度及压力。液氨蒸发槽也应装有安全阀，以防止设备压力异常过高。

12. 氨气缓冲罐的技术要求有哪些?

答：氨气缓冲罐与液氨蒸发槽相对应设置。从蒸发槽来的氨气进入氨气缓冲罐，通过氨气调节阀调节到一定压力，再通过氨气输送管线送到锅炉侧的脱硝系统。氨气缓冲罐能为SCR系统稳定供应氨气，且能避免蒸发槽操作不稳定所带来的影响。每套缓冲罐也应设置有安全阀保护。

13. 氨气稀释槽的技术要求有哪些?

答：应设置一个氨气稀释槽，有槽顶淋水和槽侧进水，水槽液位应由溢流管控制。液氨储存及供应系统各处排出的氨气由管线汇集，从稀释槽底部进入，通过分散管将氨气分散入稀释槽水中，利用大量水来吸收排放的氨气。稀释槽顶通风管出口的最大氨浓度要求小于 1.53mg/m³（2ppm），以避免氨气味的发散对周围环境带来不利影响。

14. 稀释风机的技术要求有哪些？

答：稀释风机一般每台炉按两台100%容量设置，一运一备。稀释风机将氨气缓冲槽过来的氨气稀释为氨气含量在5%以下的氨空气混合气体，混合气通过喷氨格栅喷入反应器烟道。所选择的风机应该满足锅炉BMCR工况下最大氨气耗量时需要的稀释风量，风量应留有10%的裕量，压头应留有20%的裕量。稀释风机入口应设置消音器，并应尽量靠近SCR反应器布置。稀释风机的风量测量装置采用文丘里管装置，并将相应参数传至脱硝DCS。

15. 液氨储存及供应系统有哪些辅助系统？

答：液氨储存及供应系统一般有废气排放系统、氮气吹扫系统、保温伴热系统及疏水系统等辅助系统。

16. 氨区废气排放系统有什么作用？

答：在氨制备区设有废气排放系统，用于液氨储存和供应系统的氨排放，氨气被稀释槽内的水吸收后排放至废水池，再经由废水泵送到主厂的废水处理系统。

17. 氮气吹扫系统有什么作用？

答：为保证液氨储存及供应系统的严密性，在氨气制备系统的卸料压缩机、液氨储罐、液氨蒸发槽、氨气缓冲槽等处，都备有氮气吹扫管线。在液氨卸料及检修之前，通过氮气吹扫管线对相应管道进行严格地氮气吹扫，防止氨与系统中残余的空气形成爆炸混合物，造成危险。

18. 氨/空混合系统包括哪些？

答：氨与空气混合系统一般包括稀释风机、氨/空混合器和喷氨格栅。

19. 氨/空混合器的结构是怎样的？

答：氨/空混合器是一个圆筒形的容器，圆筒的内部上下两侧均装有一定数量的倾斜挡片，稀释风从混合器入口流入，在靠近入口处的两个挡片之间并孔通入氨气管道，氨气经过挡片的扰动与稀释风均匀混合，从混合器出口流出。

20. 喷氨格栅的结构是怎样的?

答：喷氨格栅一般与烟气流向垂直布置，通常由多组管道平行布置成网状结构，每根管道的间距相同，管道上均匀布置一定数量的喷嘴，喷嘴上方布置有整流管增加氨气的扰动促进氨气与烟气均匀混合。喷氨处到第一层催化剂的距离应大于10m。

21. 喷氨格栅中的喷射管布置有哪些要求?

答：喷氨格栅中的喷射管布置有如下要求：

（1）当喷射管数量$n \leq 4$时，要有1个喷射管与给料管相连；当喷射管数量$4 < n < 6$时，要有2个喷射管与给料管相连；当喷射管数量$n \geq 6$时，要有2~4个喷射管与给料管相连；这种情况下有必要在各喷射管上安装阀门。

（2）喷射管的水平和垂直安装距离应大于3.5D，并且考虑喷嘴的检修空间。D应取较大喷射管的直径。

（3）当烟道宽度大于10m时，喷射管应分为两部分，分别从烟道的两侧进入烟道。

（4）对于垂直烟道，放入烟道长外壁的喷射管应安装在放入短外壁烟道喷射管的上游一侧。

22. 氨区设计需要注意的事项有哪些?

答：氨区设计需要注意的事项主要有：

（1）氨区周围应设置不低于2.20m的不燃烧材料实体围墙及其配套设施（含消防喷淋房、值班厕所）。

（2）液氨储罐应安装独立的液位高开关，并设置液位高保护，保护动作时切断进料装置。

（3）液氨储罐组四周应设置不低于1m高的防火堤。

（4）液氨蒸发槽应设置水温超温报警。

（5）废水泵单台出力不小于50m³/h。

（6）液氨储罐基础设4个地基变形观测点。

（7）氨区入口处新增安装人体静电导除装置，采用不锈钢管配空心球型式，地面以上部分高度为1.0m，底座与氨区接地网干线可靠连接。

（8）液氨卸料区安装用于槽车接地的端子箱，端子箱应布置在装卸作业区的最小频率风向的下风侧，并配置专用接地线。

（9）万向充装系统两端应可靠接地。

（10）将远传仪表、执行机构、热控盘柜全部使用符合相应等级的防爆设备。

（11）液氨储罐组围墙外应布置不少于3只室外消火栓，消火栓的间距应根据保护范围计算确定，不宜超过30m。

（12）氨区周围安装3台固定式万向水枪。

（13）氨区应新增安装视频监视系统，监视摄像头应不少于3个，应能覆盖氨区储罐区、蒸发区、卸料区域。

（14）氨区在就地设置事故语音警报系统。

第二节　尿素热解系统

1. 尿素热解制氨系统包括哪些主要设施？

答：尿素热解法制氨系统包括尿素储存间、尿素输送设备、尿素溶解罐、尿素溶解泵、尿素溶液储罐、尿素溶液输送泵、热解炉、计量分配模块、电加热器、疏水箱、疏水泵、废水坑、废水泵、计量和分配装置、背压控制阀、绝热分解室（内含喷射器）控制装置等。

2. 尿素热解制氨的主要过程是什么？

答：尿素颗粒储存于储存间，由尿素输送设备输送到溶解罐里，用去离子水将干尿素溶解成约50%质量浓度的尿素溶液，通过尿素溶解泵输送到尿素溶液储罐。尿素溶液经由输送泵、计量与分配装置、雾化喷嘴等进入绝热分解器内，在热风作用下分解生成NH_3、H_2O和CO_2的混合气体，而后分解产物喷入脱硝反应器。

3. 尿素储存区的设计在安全方面有哪些具体要求？

答：尿素储存区与其他设备、厂房等要有一定的安全防火距离，并在适当位置设置室外防火栓，设有防雷、防静电接地装置。

4. 尿素储存间的设计储量有什么要求?

答:尿素储存间储量一般按系统内所有机组BMCR工况下7天所需的尿素用量设计。

5. 尿素溶解罐的设计要求有哪些?

答:尿素溶解罐通常设置1台,它的容量应满足系统内所有机组BMCR工况下1天的尿素溶液耗量。在溶解罐中,用除盐水或蒸汽疏水将尿素颗粒配置制成50%的尿素溶液。当尿素溶液温度过低时,蒸汽加热系统启动提供制备饱和尿素溶液所需热量,防止特定浓度下的尿素结晶。溶解罐材料采用不锈钢,尿素溶解罐配尿素溶解泵,顶部配有搅拌器。

6. 尿素溶解泵的设计要求有哪些?

答:尿素溶解罐设两台溶解泵,一运一备,并列布置。尿素溶解泵为不锈钢本体,碳化硅机械密封的卧式离心泵。溶解泵还利用溶解罐所配置的循环管道将尿素溶液进行循环,循环管道上设置密度计,当密度不满足要求时,返回溶解罐重新配置尿素溶液。

7. 尿素溶液储罐的设计要求有哪些?

答:尿素溶液储罐通常设置两台,两台储罐的容量应满足系统内所有机组BMCR工况7天的尿素溶液用量。尿素溶液经尿素溶解泵进入尿素溶液储罐,储罐内设置蒸汽加热盘管,保证溶液温度高于结晶温度5℃。溶液储罐为立式平底结构,装有液面、温度显示仪、人孔、梯子、通风孔,储罐一般配有溶液输送泵。

8. 尿素溶液输送泵的设计要求有哪些?

答:尿素溶液输送泵通常设置两台,一运一备,形式为卧式变频离心泵。泵的本体材料为不锈钢,机械密封的材料为碳化硅。

9. 尿素溶液循环装置包括哪些?

答:溶液输送泵出口设有管道将尿素溶液返回溶液储罐,管道上装有背压阀组及用于远程控制和监测循环系统压力、温度、流量以及浓度等的仪表等。背压阀组包括不锈钢自动压力控制阀、压力传送器、本地压力显示、隔离阀和不锈钢管道及装配件等。

10. 背压控制回路有什么作用？

答：背压控制回路用于保证尿素供应量充足且能循环流动不结晶，同时能调节供应尿素溶液所需的稳定流量和压力。

11. 尿素热解的计量分配模块有什么作用？

答：计量分配装置能精确地测量和控制输送到分解室的尿素溶液流量。计量分配模块为热解炉内的各个喷枪提供尿素溶液的分配和控制，其作用是将尿素溶液分成各支管线对应各个尿素溶液喷枪，将尿素溶液均匀地喷入热解炉进行分解。根据锅炉不同负荷的要求，计量分配装置响应电厂主机提供的氨需量信号，并根据氨需量信号及开启的喷枪数量，精确计算并自动控制每个喷射器尿素溶液的流量，从而达到自动控制输送到分解室的尿素溶液流量的目的。

12. 计量分配模块由哪些部件组成？

答：每套计量分配模块（MDM）包括：不锈钢机架、尿素溶液流量控制阀，电动开关阀，止回阀，手动球阀，雾化空气调节阀和流量开关，电磁流量变送器，浮子流量计，各种压力表及端子柜等。

13. 热解炉和计量分配模块一般如何设置？

答：一般每台锅炉设1套尿素热解炉，每个尿素热解炉设置1套计量分配模块，室外计量分配模块必须加装防雨棚。

14. 热解炉的工作过程是怎样的？

答：尿素溶液由喷射器雾化后喷入热解炉，在350～600℃的高温热风/烟气条件下，尿素液滴分解成NH_3、H_2O、CO_2。喷射器需要用雾化空气将尿素溶液雾化喷入，提高分解效果。雾化空气一般采用仪用压缩空气。

15. 热解炉由哪些部件组成？

答：热解炉由热解室本体、喷射器、热电偶、压力变送器组成，热解炉出口管也需设置热电偶压力表。每台热解炉出口至SCR反应器管道有流量测量装置，并有相应的调节阀门。

16. 热解炉有哪些设计要求？

答：热解炉制氨量需满足锅炉BMCR工况下氨需求量，并有10%

的裕量。尿素热解反应时间不小于5～10s，热解炉出口氨气混合物不低于360℃。热解炉应能确保尿素分解完全，杜绝氨气混合物出现再结晶或加热空气中的飞灰沉积现象，热解炉出口中间产物中的HNCO的体积比例应保证中间产物HNCO对下游烟道设备不存在潜在负面影响。

17. 热解管道的材料如何选择？

答：由于热解温度在340℃左右，温度较高且具有一定腐蚀性，热解室及尾部出口管材质一般选用为304L不锈钢，热解后的出口氨气管道至AIG段管道一般为碳钢，并应尽量缩短热解室出口至AIG段的管道长度。

18. 电加热器有什么作用？

答：电加热器为主要是加热来自锅炉的热一次风，为尿素热解反应提供热源，保证反应温度，确保热解反应顺利进行。电加热器一般将热一次风加热到约600℃。

19. 热解系统的设备和管道材料如何选择？

答：泵、管道、阀门等与尿素接触的设备的材料均选用304L不锈钢或更高材质。凡是与尿素溶液、氨气接触的管道、阀门、密封件等部位不允许使用含铜、锌、铝材料。

20. 尿素热解有哪些辅助系统？

答：尿素热解系统应配有水冲洗系统、伴热系统、加热蒸汽及疏水回收系统、废水系统。

21. 热解室稀释风的设置要求有哪些？

答：稀释风采用热一次风，如风压不满足要求时，采用增压稀释风机的方式。一次风入口的控制流量调整阀门要求耐高温、防磨，布置位置要考虑积灰的影响，保证开关灵活，风量调整的特性曲线满足脱硝热解炉的风量调整需要。

22. 尿素区给水系统主要用于哪些设施？

答：烟气脱硝系统的给水系统主要集中在尿素储存与供应区域。尿素区给水主要用于溶解、洗手池、洗眼器、消防等。洗手池、洗眼器主要用于应急水冲洗，接自全厂生活用水。尿素稀释用水均取自除盐水管路。消防水取自全厂消防水主干线。

第三节 尿素水解系统

1. 尿素水解的原理是怎样的?

答：尿素溶液制备区制备好的尿素溶液经由输送泵输送至水解反应器，尿素溶液在蒸汽加热下发生水解反应生氨气、水蒸气和二氧化碳混合气。水解产物经过流量计量与调节装置后，与热风混合均匀并喷入脱硝系统。水解过程通常在0.4~0.9MPa、135~160℃进行，反应速度较快，响应时间在1min以内。

2. 尿素水解系统的工艺特点有哪些?

答：尿素水解系统的工艺特点有：

（1）提供的氨气浓度相对固定，利于系统控制。

（2）尿素溶液浓度高，蒸汽盘管加热避免接触，降低物料消耗。

（3）反应温度低，系统运行能耗较低。

（4）可以采用单元制或者1台水解反应器对应多台锅炉。

3. 尿素水解制氨系统包括哪些主要设施?

答：尿素水解法制氨系统包括尿素储存间、尿素输送设备、尿素溶解罐、尿素溶解泵、尿素溶液储罐、尿素溶液输送泵、疏水箱、疏水泵、废水坑、废水泵、水解反应器、催化剂箱、催化剂泵。

4. 水解系统包括哪些子系统?

答：根据尿素催化水解系统各管道、设备内流动的介质不同，将整个系统分为尿素溶液供给系统、蒸汽供给系统、反应系统、排污系统、除盐水系统、冲洗和吹扫系统、伴热系统、测量控制系统、氨/空混合系统。

5. 尿素溶液供给系统是如何运行的?

答：尿素供给系统主要用于向水解器提供50%的尿素溶液。由尿素给料泵供给的尿素溶液分为两路，一路进入催化剂溶解箱，用于溶解固态催化剂；另一路进入水解器中。

6. 蒸汽在尿素水解系统中的主要用途有哪些？

答：蒸汽供给系统分为尿素溶解用蒸汽，水解器反应用蒸汽，伴热用蒸汽，吹扫用蒸汽。

7. 尿素水解系统用蒸汽有什么要求？

答：水解器反应所用蒸汽温度一般不低于180℃，压力一般不低于1MPa。其他用蒸汽一般采用电厂辅助蒸汽。

8. 水解反应器的设计要求有哪些？

答：水解反应器的设计要求主要有：

（1）当锅炉台数为1~3台时，优先选用单元制，水解反应器布置在脱硝钢架0m或就近布置。当锅炉台数大于等于4台时，优先选用公共制，水解反应器除满足机组出力外，设置1台备用。每台水解器的容量应能满足本系统机组BMCR工况下最大供氨量。

（2）尿素水解工艺可能由于温度原因产生氨基甲酸铵，氨基甲酸铵属于强腐蚀性物质，水解反应器材质一般采用316L，同时可通过控制产品气输送温度避免腐蚀。

（3）水解反应器利用蒸汽作为热源，尿素溶液在水解反应器中发生分解，生成NH_3、H_2O、CO_2，满足单台锅炉脱硝消耗的氨需求。同时，为每台锅炉配置1套流量调节装置，要求配置相应的调节阀门，满足锅炉需氨量变化时的调节要求。

（4）为便于壳程清晰，加热盘管采用正方形排列。

9. 水解反应器的结构如何？

答：反应器内部配置有加热盘管，反应器产品气出口配置1套汽水分离器，汽水分离器内设置3层凝液板，汽水分离器上设置有氨气出口和安全阀排气口。水解反应器本体设置有温度、压力和液位测量装置。

10. 水解反应器有哪些特点？

答：尿素催化水解用的反应器属于全混流水解器，其特征有：

（1）物料在水解器内充分返混。

（2）水解器内各处物料参数均一。

（3）水解器的出口组成与水解器内物料组成相同。

（4）反应过程中水解器连续进料，是一定的常态过程。

11. 汽水分离器的主要作用是什么？

答：汽水分离器主要是利用气体和液体的密度不同，通过扩大管路通径，减小速度并改变速度的方向，使产品气与所夹带的液滴分离，减少液体对后续管道、设备的腐蚀，提高产品气的质量。

12. 水解反应器的布置有什么要求？

答：水解反应器的布置要求有：

（1）水解反应器布置时应考虑加热盘管的可抽出空间。

（2）水解反应器布置时，四周至少留1m的检修空间，与催化剂罐不超过5m的距离。

（3）水解反应器距离氨/空混合器不超过100m。

（4）水解反应器室内布置时需增加喷淋装置并于报警仪连锁，反应器四周至少装有3套氨气报警装置。

13. 水解反应器的产出气体的成分比例分别为多少？

答：水解产生的气体有氨气（NH_3）、水蒸气（H_2O）、二氧化碳（CO_2）。其中，氨气占总质量的30%左右、水蒸气占总质量的35%左右，二氧化碳占总质量的35%左右。

14. 水解反应器的安全和排污系统由哪些管线组成？

答：水解反应器的安全和排污系统主要是由一级排污管线、二级排污管线和手动排污管线组成。

15. 水解反应器的安全和排污系统是如何运行的？

答：水解反应器的一级排污管线、二级排污管线和手动排污管线与水解器底部的排污口相连。由于尿素中含有一定杂质，当杂质累积到一定程度是需要进行排污，一级排污管线和手动排污管线用于日常系统排污。此外，设备出现故障及停机时，需要进行冲洗排污，也使用这两个排污管道。一般情况下一级排污管线自动排污，当一级排污出现故障时使用手动排污。当水解器压力大于1.2MPa时，二级排污管道自动阀门动作，进行泄压排污，保护水解器。所有排污管道汇合后排入废水坑。

16. 水解反应器有哪些设计要求?

答:水解反应器的设计要求有:

(1)水解反应器平台不宜过高,方便运行操作维护,水解反应器基础具体根据地质条件,优先考虑整体基础。

(2)水解反应器蒸汽疏水优先回用于系统内尿素溶解、管道冲洗。剩余部分考虑回收利用。

(3)水解反应器的设计应满足水解反应的温度及压力的要求。

(4)反应器本体应设置保温,水解反应器本体配套仪表及水解混合气管道系统均应设置有保温伴热系统,可采用蒸汽伴热或电伴热,以维持水解后的氨气管内温度在150℃以上。

(5)尿素水解反应器应设置补水系统,补水宜采用除盐水或冷凝水。

17. 水解系统的设备和管道如何选择材料?

答:尿素水解系统的设备、尿素溶液管道和含氨溶液管道应为不锈钢材质,所有与尿素水解混合气接触的设备、管路、排污管道及氨/空混合器应采用不低于316L等级的不锈钢材质。

18. 水解反应系统的测量和控制系统是怎样的?

答:水解反应系统的正常运行操作由DCS自动控制,DCS具有检测、手动操作、自动控制、高低位报警、自动停车连锁功能。当操作参数出现异常时,DCS系统会自动发出警报、紧急停车或由DCS操作员手动进行安全停车参数正常后再恢复。

19. 催化剂箱的设计要求有哪些?

答:催化剂箱内备有配置好的催化剂溶液,用于运行过程中往水解器内加催化剂,催化剂箱顶部装有搅拌器、液位计,催化剂在反应过程中不消耗,但会随着系统排污被排掉,催化剂的减少会造成反应速率降低,因此需要定期补充反应器内损失的催化剂。

20. 尿素催化水解有哪些优势?

答:尿素催化水解的优势有:

(1)反应速度快:由于采用了催化手段,制氨能力与氨气需求之间的响应时间可以缩短为1min，使水解反应速度与传统的普通尿素水解相比提高10倍左右，可以避免脱硝系统氮氧化物由于制氨系统反应滞后导致的超标问题，满足了锅炉负荷调整及脱硝用氨量变化需求。

（2）反应温度低：尿素催化水解反应温度比普通水解温度降低20℃左右，能耗较普通水解能耗降低17%，从全生命周期考虑具有更好的成本优势由于温度低，腐蚀物质大幅度下降。

（3）系统可靠性高：由于尿素催化水解制氨技术取消了高温电加热设备，避免了设备超温隐患，提高了烟气脱硝系统整体可靠性。

（4）设备运行灵活性高：采用蒸汽加热方式，使尿素制氨系统可以避免受到锅炉运行工况的影响，实现制氨系统独立运行，在锅炉未达到特定工况的情况下，提前启动制氨设备，实现制氨系统快速投用。

第四节　氨水系统

1. 氨水脱硝的特点有哪些？

答：采用氨水作为脱硝还原剂时，一般将液氨蒸发成气氨溶于水，制成氨水，喷入炉膛。喷入炉膛的是液态氨水，氨水喷射系统的设计根据炉膛截面、高度等几何尺寸进行，使进入炉膛的氨水能与烟气达到充分均匀混合。NO_x脱除反应在炉内进行，不占用现场任何场地，只需在锅炉本体为脱硝系统的计量与分配模块及喷射系统等搭建平台。

2. 氨水制备有哪些方法？

答：通常液氨制备氨水有两种方法，一种为液氨直接溶于水，另一种为液氨气化成氨气后，氨气再溶于水。

3. 液氨制备氨水的方法有哪些优缺点？

答：对于液氨直接溶于水的方式制备氨水，其优点在于不需要将液氨气化，因此设备少，系统简单。其缺点在于液氨溶于水后放出大量的热，且该热量无法控制，因此生产过程中存在诸多隐患。

4. 氨气制备氨水的方法有哪些优缺点?

答：用氨气溶于水的方法制备氨水，由于液氨气化会吸收大量热量，而氨气溶于水会释放大量热量，且氨气溶解热大于液氨汽化热，因此可以利用氨气溶于水会放出的大量热量来加热液氨，使液氨气化。这样，一方面液氨气化不需外加热源，另一方面氨水可以通过该过程冷却。该方法的缺点在于所需要的设备较多，系统较为复杂。

5. 氨水制备成品有哪些要求?

答：氨水制备成品的要求主要有：制备好的氨水温度应在25℃左右，制备浓度为20%；需使用冷却水将氨水降低到一定的温度，然后再用氨水气化液氨；氨气应与除盐水定量混合。

6. 氨水制备系统主要有哪些设备?

答：氨水制备系统主要包括氨水制备器、氨水储罐、氨水输送泵。

7. 氨水制备的过程是如何进行的?

答：液氨储罐中的液氨经稳压泵提升压力达到稳定压力后输送到氨水制备系统中。当环境温度较高，液氨储罐中的氨压力高于0.4MPa时开启旁路，停止液氨泵运行；在寒冷的冬季，开启液氨泵升压。液氨通过管道液相输送到氨水制备器入口，经过流量计计量、流量调节阀和调压器后，进入氨水制备器中进行气化，气化后的氨气经单向阀后与除盐水按比例进行混合，制备出20%的氨水。氨水先经过氨水制备器与冷却水换热，然后再用来气化液氨。

8. 氨水供应的过程是如何进行的?

答：氨水制备器后端设置氨水储罐，制备的氨水先进入氨水储罐，然后再输出到生产使用现场。在氨水制备器出口设置氨水浓度分析仪，将制备氨水浓度实时远传输出到控制系统，进行远程监控显示。制备出的氨水通常是带有一定压力的，这样在氨水制备完毕后依靠氨水自身压力进入氨水储罐，无需氨水泵输送。在氨水罐上设置有磁翻板液位计，现场显示氨水罐中氨水的液位高度，同时氨水罐中达到液位低限时可以发出报警。氨水罐上设置液位上下限，当氨水液位到达下限时氨水开始制备，当氨水液位达到上限时，氨水停止制备，自动控制，循环往复。

9. 氨水制备器采用什么结构?

答：氨水制备器采取管壳式结构，液氨和冷却水分别走管程，氨水走壳程。氨气溶于水后放出大量的热，形成高温的氨水，这些氨水首先和管程中的冷却水换热，换掉一部分热量后，氨水再与液氨换热，气化液氨，此时氨水的温度降低到要求的范围。

10. 氨水脱硝包括哪些系统?

答：氨水脱硝系统包括氨水制备系统、氨水溶液储存系统、氨水喷射系统、计量分配系统。

11. 氨水喷射系统的设计有哪些要求?

答：氨水喷射系统的设计要求主要有：

（1）氨水喷射系统的设计应充分考虑其处于炉膛高温、高灰的区域，所选材料应具有耐磨、抗高温及防腐特性。喷射系统应避免堵塞，具有清扫功能。在喷枪进行设计布置时，必须进行CFD流场模拟试验，确定最佳的喷入点。

（2）还原剂喷射系统有适应锅炉负荷波动或调节的能力，在允许的温度范围内持续安全运行，并能适应机组的负荷变化和机组启停次数的要求。

（3）喷射器应有足够的冷却保护措施，以使其能承受反应温度窗口区域的最高温度，而不产生任何损坏，能持续稳定运行，不能够因喷枪的原因造成氮氧化物排放超标。

（4）脱硝装置应进行计算流体力学和化学动力学模型试验，以确定最优温度区域和最佳还原剂喷射模式。

（5）喷射器可以采用压缩空气雾化，也可以采用其他雾化方式，但不得影响锅炉的正常使用。

（6）喷射器运行时，喷出的氨水不得对锅炉受热面产生任何吹伤及损伤。

（7）喷射器应增设检修及运行平台，便于日常检查及维护。

12. 计量分配系统的设置有哪些要求?

答：计量分配系统的设置要求主要有：每台锅炉配置1套计量分配系统；就近布置在喷射系统附近锅炉平台上，以焊接或螺栓的形式固定，并且不影响锅炉其他部位检修工作；应设置空气过滤器，以防设备堵塞；必须灵敏可靠，满足锅炉负荷波动的需求。

13. 氨水储罐设计有哪些要求？

答：氨水储罐的设计应符合下列要求：

（1）公用系统的氨水储罐数量不应少于2台。氨水宜为常压密封储存。储罐可为卧式或立式，材质应根据所用的密封气体确定。氨水储罐无需保温。

（2）氨水储罐应设人孔、进出料管、排污管、安全释放阀、真空破坏阀（入口侧宜配置阻火器）。进液管若从罐体上部进入，应延伸至距罐底200mm处。当罐体为碳钢内衬防腐层时，至少需设两个相隔一定距离的人孔。每台氨水储罐应设置防爆型液位计、压力表及就地温度计。

14. 氨水输送泵有哪些设计要求？

答：氨水输送泵一般按工艺所需设置，并设有备用。输送泵向SNCR喷射系统提供合格的氨水，同时设置氨水循环线路，循环线路的压力由压力调节阀控制。脱硝所要求的氨水量由安装在SNCR系统计量模块的流量控制阀设定。

15. 氨水输送管道选用什么材质？

答：氨水输送管道宜采用不锈钢，不宜采用含铜管件及附件。

第五节　反应系统

1. SCR 反应器是如何布置的？

答：国内的SCR反应器装置全部采用了高灰型布置工艺，将反应器布置在锅炉省煤器与空气预热器之间，并按照"2+1"或"3+1"模式布置催化剂。

2. SCR 反应器一般包括哪些设施？

答：一套完整的SCR反应器系统包括出入口烟道、灰斗、膨胀节、挡板门、氨气混合烟道、旁路烟道、反应器壳体、内部支撑、吹灰器及保温材料等。

3. SCR 装置在脱硝系统中的作用是什么？

答：在SCR反应器内，烟气与NH_3的混合物在通过催化剂层时，烟气中的NO_x在催化剂的作用下与NH_3反应生成N_2与H_2O，从而达到除去烟气中NO_x的目的。

4. 反应器由哪些部分组成？

答：反应器主要由以下几部分组成：

（1）反应器外壳：支撑所有的荷载，包括催化剂、内压等。

（2）催化剂支撑结构：用来放置催化剂。

（3）催化剂输送系统：包括起吊装置、主吊轨、次吊轨。

（4）密封件和防积灰设施。

（5）操作平台。

5. SCR 装置有哪些设计要求？

答：SCR装置的设计要求主要有：

（1）SCR装置应能适应锅炉的负荷变动，包括负荷变化速度和最小负荷。

（2）SCR装置能在锅炉最低稳燃负荷—100%BMCR负荷，且烟气温度在280～420℃条件下持续、安全地运行，并确保出口烟气中的NO_x含量符合设计要求。

（3）SCR装置的检修时间间隔应与机组的要求一致，不应增加机组维护和检修期。

（4）脱硝装置的承压能力与锅炉的设计承压能力相同。

（5）SCR装置（包括催化剂）能经受5h内420℃高温烟气的冲击而不损坏。

（6）反应器设计成烟气竖直向下流动。

（7）反应器入口应设气流均布装置，反应器入口及出口段应设导流板，对于反应器内易磨损的部位应采取必要的防磨措施。

（8）通过方案优化使烟气流经反应器阻力尽可能小。

（9）反应器内部各类加强板、支架应设计成不易积灰的型式，同时必须考虑热膨胀的补偿措施。

（10）反应器应采取保温，使经过反应器的烟气温度变化小于

3℃。

（11）反应器应设置足够大小和数量的人孔门。

（12）在每个反应器出入口各设置1套烟气分析系统。

（13）为了正常运行、开车和完成测试、性能考核等工作，在反应器的喷氨格栅、反应器入口、各层催化剂出入口、反应器出口应设置足够数量的开孔。

6. SCR 装置一般采用什么材料？

答：SCR反应器材质选用Q345B。

7. 反应器内催化剂模块布置的要求有哪些？

答：反应器内催化剂模块布置的要求主要有：

（1）催化剂模块之间纵向间距 $S_l \geqslant 50\text{mm}$，横向间距 $S_w \geqslant 6\sim10\text{mm}$。

（2）催化剂模块和催化剂进口侧的梁内表面之间 $S_b \geqslant 50\text{mm}$。

（3）催化剂模块和柱边缘内表面之间 $S_c \geqslant 50\text{mm}$。

8. 反应器每层的层高设置有什么要求？

答：反应器每层层高的要求如下，每层的层高由以下三点的最大值决定：

（1）从催化剂上表面到上面梁的底部间距应大于等于5倍梁宽 W_b。

（2）吊轨和催化剂支撑梁的间距能满足吊装要求，即层高需大于等于吊装操作必需的高度+催化剂模块高度+吊装设备高度+50mm 裕量。

（3）检修空间的高度。

9. SCR 反应器入口流场设计有哪些要求？

答：SCR反应器入口流场设计采用CFD流场模拟和实物模型相结合的方式，对SCR脱硝装置（从省煤器出口至空气预热器入口烟气系统，包括还原剂喷射装置）进行流场模拟，在SCR反应器入口设置导流板、均流装置，使SCR反应器及入口烟道的整体设计满足在第一层催化剂入口的烟气流速偏差、烟气流向偏差、烟气温度偏差、NH_3/NO_x摩尔比偏差等的要求。

10. SCR 反应器内烟气流速有哪些要求？

答：考虑工程煤质含灰量的特点，在保证催化剂使用寿命及其他性能考核指标的前提下选择合适的烟气流速，并据此选择催化剂的截面积，以期获得最佳的防止催化剂堵塞的效果以及防止催化剂磨损。在BMCR工况时，当烟气中含灰量小于40g/Nm³左右时，反应器空塔速应在4~6m/s，烟气含灰量高的蜂窝式催化剂孔内流速≤7m/s，板式催化剂孔内流速≤6m/s，当含灰量很低时流速可适当增加。

11. 反应器的密封系统包括哪些？

答：密封系统应保证烟气完全密封在催化剂层之间，防止烟气不经过催化剂而直接流通到反应器出口烟道。主要包括：催化剂模块之间、催化剂模块和支撑梁之间、催化剂模块和反应器壳体之间。

12. 反应器的催化剂安装门有哪些设计要求？

答：反应器的催化剂安装门的设计要求主要有：

（1）催化剂安装门用于催化剂的安装和检修，门的尺寸大小和安装位置要符合工程催化剂的尺寸要求。

（2）出于气密性的考虑，安装门用密封焊接的方式与安装螺栓焊接在一起。安装螺栓的螺母要在车间里进行密封焊接，安装门需要在催化剂安装完成之后在现场进行密封焊接。

（3）为保证门的重复使用，反应器门框与门框边缘要留有足够宽度。安装门要为催化剂的装载通道留出充分有效的空间，安装门与催化剂模块的保护宽度之间最少要留有50mm的间隙。

（4）由于门盖要用葫芦起吊，所以需要提供必要的起吊环。

13. 反应器的进出口烟道设计要求有哪些？

答：反应器的进出口烟道设计要求主要有：

（1）烟道根据可能发生的最差运行条件进行设计。

（2）烟道设计能够承受如下负荷：烟道自重、风荷载、雪荷载、地震荷载、积灰荷载、内衬和保温的重量等。

（3）烟道任何部位不能有大量积灰，在容易积灰的部位应设置灰斗及输灰设施。

（4）烟道最小壁厚至少按6mm设计，烟道内烟气流速不超过15m/s。催化剂区域内流速不超过6m/s，烟道材料应适应烟气温度的要求。

（5）烟道在适当位置配有足够数量和大小的人孔门，以便于烟道的维修和检查。人孔门与烟道壁分开保温，以便于开启。

（6）在外削角急转弯头和变截面收缩急转弯头处应设置导流板。

（7）为了使与烟道连接的设备的受力在允许范围内，特别要注意考虑烟道系统的热膨胀，热膨胀通过膨胀节进行补偿。

（8）烟道在适当位置配有足够数量测试孔，并设有维护平台。

14. 反应器烟道的导流板设计需要确定哪些参数？

答：导流板的结构需由计算机流体力学CFD进行分析或者物理模型试验测试确定。根据模拟和测试结果需要确定导流板的数量、导流板半径、导流板间距。

15. 反应器防积灰保护有哪些措施？

答：反应器防积灰措施主要有：

（1）反应器入口烟道采用三角形斜坡帽罩，利用烟气分压使烟气流速均匀分布，避免积灰。

（2）在入口烟道到催化剂上方的反应器帽罩上方安装整流格栅，调整烟气分配，避免烟气在某些位置流速过低导致积灰。

（3）在催化剂块的顶部设置展开的金属网，以防止积灰累积在催化剂块上。

16. 反应器出口烟道有什么设计要求？

答：反应器出口烟道与水平面的夹角应大于45°。

17. 氨/空混合器的作用是什么？

答：氨/空混合器是将制备好的氨气与冷风或者热风混合的装置，其作用是保证氨气浓度为5%以内，防止发生爆炸。

18. 喷氨格栅的作用是什么？

答：喷氨格栅是根据烟道的截面、长度及SCR反应器的结构型式，设置的一组喷射管道，其作用是确保氨与空气混合物喷入烟道后，在较短的距离内使氨与烟气中的NO_x能充分混合，保证到达顶层催化剂上部烟气中的氨与NO_x均匀分布，且能最大限度地适应锅炉负荷的变化。

19. 喷氨格栅的材料如何选择？

答：喷氨格栅处于锅炉的高温高含尘区域，所选用的材料应为耐磨材料并充分考虑防磨保护，一般采用Q345B。

20. 喷氨格栅有哪些类型？

答：喷氨格栅根据管道的布置型式分为网状型和分区型，通常采用分区型。

21. 分区型喷氨格栅的布置有哪些要求？

答：分区型喷氨格栅的管道布置有如下要求：

（1）水平烟道每个分区的竖向喷射管应≥3个，横向喷射管应≥4个。

（2）垂直烟道每个分区短边方向的喷射管应≥3个，长边方向的喷射管应≥4个。

（3）水平烟道供应管应放在烟道的上侧，垂直烟道的供应管应放在长边方向的外壁。

22. 喷氨格栅的设计有什么要求？

答：喷氨格栅的设计要求主要有：

（1）喷氨格栅与省煤器出口烟道和省煤器旁路烟道应至少有4m的距离；喷氨格栅与弯头应至少留有3m的距离，喷氨格栅与大小头应至少留有1m的距离。

（2）喷氨格栅的给料管上应设有压缩空气管道，当注入格栅喷头发生堵塞时可进行吹扫，给料管上应设有手动流量调节阀，保证每路管道上的氨流量相同。

23. 喷氨格栅的喷嘴有哪些设计要求？

答：喷氨格栅喷嘴的设计要求有：

（1）喷嘴的喷淋速率应与烟道里烟气速率一致且不大于25m/s。

（2）喷嘴的开口直径要在5~25mm的范围。通常，喷嘴到上层催化剂的距离与喷嘴的当量直径比值即L/D应≥40。

（3）当喷嘴下游有结构扰乱氨气混合时，选用喷嘴方向与烟气流动方向正交的安装位置；其他情况均选用喷嘴方向与烟气流动方向相同的安装位置。

24. SCR 反应器一般有哪些吹灰形式?

答:SCR反应器可采用半伸缩耙式蒸汽吹灰器和声波吹灰器。

25. 声波吹灰器的工作原理是什么?

答:声波吹灰器(膜片式)是利用金属膜片在压缩空气的作用下产生声波,高响度声波对积灰产生高加速度剥离作用和振动疲劳破碎作用,积灰产生松动。由于声波的全方位传播和空气质点高速周期性振荡,可以使表面上的灰垢微粒脱离催化剂,而处于悬浮状态,以便随烟气流带走。

26. 蒸汽吹灰器的工作原理是什么?

答:蒸汽吹灰器是利用高压蒸汽的射流冲击力清除设备表面上的积灰。

27. 声波吹灰器有哪些优缺点?

答:声波吹灰器的优点是:结构简单,维护方便,用来吹扫催化剂模块内部的灰效果好,对催化剂无毒副作用,无磨损。钛合金膜片是它唯一一个活动部件,通常寿命较长。

缺点是:噪声大,在反应器外部的吹灰器发声部分必须做隔音处理。

28. 蒸汽吹灰器有哪些优缺点?

答:蒸汽吹灰器的优点是:吹扫催化剂表层的灰效果好,尤其是对表面已经形成积累的灰吹扫效果好。

缺点是:蒸汽吹灰器运行时,要求蒸汽具有一定的饱和度,否则出现的水滴会对催化剂产生影响,进而影响脱硝效率。若减温减压装置做不好,蒸汽易凝结在催化剂上,长期运行会腐蚀催化剂。其安装运行所需平台大。

29. 吹灰器的设置有哪些设计要求?

答:吹灰器的数量和布置应能将催化剂中的积灰尽可能多地吹扫干净,并应尽可能避免因死角而造成催化剂失效,导致脱硝效率的下降。吹灰器应尽量减少吹灰介质的消耗。吹灰器的布置不影响催化剂的安装或更换，并应设置吹灰器的检修平台。

第六节　催化剂

1. 催化剂有哪几种形式？

答：SCR系统中的重要组成部分是催化剂，催化剂的形式可分为平板式、蜂窝式、波纹板式。

2. 工业 SCR 脱硝催化剂的主要特征是什么？

答：（1）具有较高的NO$_x$选择性。

（2）在较低的温度下和较宽的温度范围内具有较高的催化活性。

（3）具有较高的化学稳定性、热稳定性和机械稳定性。

（4）SO$_2$/SO$_3$转化率低。在整个负荷区间内，烟气通过催化剂后的SO$_2$/SO$_3$转化率应小于1%。

3. 平板式催化剂是如何制作的？

答：平板式催化剂是以金属板网为骨架，以二氧化钛为载体，以五氧化二钒（V$_2$O$_5$）为主要活性成分。制备工艺是将载体、活性组分、成型助剂混合均匀，形成膏料，再采取双面碾压的方式，将其涂覆于金属板网上，经压制褶皱、切割、组装、煅烧而成。

4. 蜂窝式催化剂是如何制作的？

答：蜂窝式催化剂是以二氧化钛为载体，以五氧化二钒（V$_2$O$_5$）为主要活性成分，将载体与活性成分等物料充分混合，经模具挤压成型后煅烧而成的。

5. 波纹状催化剂是如何制作的？

答：波纹板式催化剂是以玻璃纤维为载体，表面涂敷活性成分，或通过玻璃纤维加固的二氧化钛基板浸渍钒（V）等活性成分后，烧结成型的。

6. 催化剂的活性温度范围是多少？

答：燃煤电厂常用的脱硝催化剂的工作温度范围在280～400℃。

超出此温度范围后，催化剂将不能发挥最佳的脱硝活性。尤其在烟气温度较低时，NH_3 会与烟气中的 SO_2 和 H_2O 反应生成（NH_4）$_2SO_4$ 或 NH_4HSO_4，易附着在催化剂表面，堵塞催化剂的通道和微孔，从而降低催化剂的活性。此外，还会对下游空气预热器造成堵塞风险。

7. 催化剂失效的原因有哪些？

答：造成催化剂失效的原因很多，有燃料的原因，还有设备与运行等方面的原因。烟气中携带较多的飞灰，在实际运行过程中，飞灰的冲刷会造成催化剂的磨损，飞灰在催化剂表面的沉积会覆盖催化剂的活性位，导致催化剂活性的下降。此外，飞灰中含有较多的有毒元素，如砷、钾、钠等会导致催化剂的化学中毒；钙、镁等会导致催化剂的化学中毒和活性位被覆盖。

8. 顶层催化剂上方烟气需要满足的条件有哪些？

答：顶层催化剂上方烟气需要满足的条件有：
（1）速度最大偏差：平均值的 ±15%。
（2）温度最大偏差：平均值的 ±10℃。
（3）氨氮摩尔比的最大偏差：平均值的 ±5%。
（4）烟气入射催化剂角度（与垂直方向的夹角）：±10°。

9. 催化剂的活性成分有哪些？

答：脱硝催化剂的活性成分为五氧化二钒（V_2O_5），助剂包括三氧化钨（WO_3）和三氧化钼（MoO_3）等。

10. 板式催化剂的性能特点有哪些？

答：板式催化剂的显著优点是不易黏接飞灰、抗堵灰能力强，且采用金属板网作为基材，抗磨损能力强。此外，板式催化剂还具有抗 As 中毒能力强、SO_2/SO_3 转化率较低等优点，同时较大的孔隙率使得积灰情况更不容易出现。

11. 蜂窝式催化剂的性能特点有哪些？

答：蜂窝式催化剂的显著特点是几何比表面积比板式催化剂大。由于脱硝反应是气相反应，需要大量的反应面积。在同样的烟气条件下，比表面积大就表示所需要的催化剂体积量少，反应器尺寸和相应的钢结构也较小。蜂窝式催化剂的相邻蜂窝孔隙的中心距（即节距）

可以在不改变催化剂外部尺寸的情况下较容易地改变，因此能适应不同的应用场合。蜂窝式催化剂节距大小的确定取决于烟气中的含尘量。高粉尘含量时选择大节距的结构，以减少催化剂被粉尘堵塞的现象发生。由于蜂窝式催化剂与烟气接触的边界较多，因而比板式催化剂更容易堵塞。但是，由于蜂窝式催化剂的单位价格较贵，尽管体积数较小，总投资仍然较高。

12. 不同催化剂的性能比较如何？

答：不同催化剂的性能比较见表3-1：

表3-1　　　　　　　　　　　不同催化剂的性能比较

性能参数	板式	蜂窝式	波纹状式
基材	不锈钢金属板	整体挤压	玻璃纤维板
催化剂活性	中	中	中
氧化率	低	高	中
压力损失	低	高	中
抗腐蚀性	好	一般	一般
抗中毒性（As）	强	中	中
抗堵塞性	好	一般	中
模块重量	重	中	中
耐热性	中	中	中

13. 平板式催化剂一般有哪些制造要求？

答：平板式催化剂的制造要求有：
（1）平板式催化剂应采用不锈钢网作为基材。
（2）平板式催化剂板间距一般在4.0～7.0mm。

14. 蜂窝式催化剂一般有哪些制造要求？

答：蜂窝式催化剂的制造要求有：
（1）催化剂应整体成型。
（2）18孔×18孔催化剂节距一般应不小于8.2mm。
（3）催化剂内壁厚一般应不小于1.0mm。

15. 催化剂的性能要求一般有哪些?

答:催化剂的性能要求一般有:

(1)催化剂能满足烟气温度不高于420℃的情况下长期运行,同时应能承受运行温度450℃不少于5h的考验,而不产生任何损坏。

(2)催化剂应能有效防止锅炉飞灰在催化剂中发生粘污、堵塞及中毒现象发生。

(3)催化剂化学寿命大于24000运行小时,机械寿命大于9年。

(4)催化剂设计应考虑燃料中含有的任何微量元素可能导致的催化剂中毒,并采取防止催化剂中毒的有效措施。

(5)在加装新的催化剂之前,催化剂体积应满足脱硝效率和氨逃逸率等要求。

(6)当温度在20~150℃之间,催化剂应该能适应最小10℃/min的温升速度;当温度在150~430℃之间,催化剂应该能适应最小50℃/min的温升速度。

16. 一般要求燃煤电厂的 SCR 催化剂至少应满足哪些条件?

答:(1)在适用的温度范围内,具有较高的活性,才能保证在高效反应温度范围内,有效地降低NO_x浓度。

(2)具有较高的选择性。由于锅炉烟气成分复杂,具有较高的选择性,才能避免或降低其他不利的影响。

(3)具有较高的抗化学中毒性能。燃煤电站锅炉烟气通常含有粉尘、重金属、SO_2、HCl、Na_2O、K_2O、As等易使催化剂中毒的物质,因此要求催化剂具有较强的抗中毒能力,化学稳定性越高,寿命越长。

(4)在较大的温度波动下,有较好的热稳定性。由于锅炉烟气的温度变化较大,为了保证系统的适用性,要求催化剂能有比较宽的温度范围。

(5)机械稳定性好,耐冲刷磨损。

(6)压力损失低,使用寿命长。

17. 催化剂模块有哪些设计要求?

答:催化剂的模块设计要求主要有:

(1)催化剂应采用模块化、标准化设计。催化剂各层模块一般应规格统一、具有不同形式催化剂的互换性,以减少更换催化剂的时间。若有不同，应加以说明。

（2）催化剂模块必须设计有效防止烟气短路的密封系统，密封装置的寿命不低于催化剂的寿命。

（3）模块应采用碳钢结构框架，并要求焊接、密封完好，且便于运输、安装、起吊。

（4）每层催化剂层都应安装可拆卸的测试块，每8个模块至少应有1个测试块，均匀布置。

（5）若选择板式催化剂，每层催化剂允许叠放。若选择蜂窝式催化剂，催化剂单元为整体制作。

（6）催化剂能在锅炉任何正常的负荷下运行，且能经受锅炉的启停，保证不发生对催化剂性能产生影响的脱落和变形。

（7）在每个催化剂模块上方要设置格栅板和滤网，以防止大直径灰粒进入催化剂，其强度能承受操作人员在上面走动。

（8）催化剂模块与反应器内壁以及催化剂模块之间应设置密封。

18. 催化剂的性能测验一般在什么时间进行？

答：催化剂性能检测应定期进行，在投运后的两年内，每年至少检测1次；两年后，每半年至少检测1次；每个SCR反应器每层催化剂至少抽取1块测试块进行检测。

19. 催化剂质量检测有哪些主要指标？

答：催化剂质量检测主要指标有：

（1）催化剂工艺性能测试：测量催化剂的脱硝效率、活性、SO_2/SO_3转化率、氨逃逸率及压降等。

（2）理化性质测试：测量催化剂的化学成分、BET比表面积、孔容和孔径分布、机械性能。

20. 催化剂再生的方式和方法有哪些？

答：催化剂的再生方式分为现场再生和工厂再生。催化剂的再生方法一般有物理清灰、水洗、化学溶液清洗、热再生、热还原再生、酸液处理和SO_2酸化热再生等。其中，物理清灰和水洗用于除去催化剂上的积灰，化学溶液清洗用于除去催化剂上的有毒元素，热再生用于除去催化剂上的硫铵化合物，热还原再生可除去催化剂上部分硫酸盐，酸液处理可除去催化剂上的碱性金属元素，SO_2酸化热再生主要针对碱中毒的催化剂。

21. 催化剂现场再生的工艺流程是什么？

答：把催化剂模块从SCR反应器中拆除，放进专用的设备中，可以清除大部分堵塞物，如硫酸氢铵和其他可溶性物质以及爆米花灰。在设备中将采用专用的化学清洗剂，从而产生废水，废水成分和空气预热器清洗水相似，可以排入电厂废水处理系统。

22. 催化剂工厂再生的工艺流程是什么？

答：将退役的脱硝催化剂经物理清灰除去催化剂表面和孔道中的积灰，化学清洗出去催化剂上的有毒物质后，再进行补充浸渍活性组分、干燥、煅烧，即得到再生后的脱硝催化剂。

23. 影响脱硝催化剂反应的主要因素是什么？

答：影响脱硝催化剂反应的主要因素有：烟气温度、烟气流速、催化剂活性、反应器结构。

24. 催化剂的选择原则是什么？

答：（1）遵循脱硝效率高、选择性好、抗毒抗磨性强，运行可靠的原则，最大程度适应燃料类型和运行条件。

（2）相同体积条件下，催化剂脱硝效率与催化剂的比表面积有关，应优先考虑选择比表面积大的催化剂。

（3）催化剂选择时，应先选择压降小，可再生利用的催化剂，以减少对环境的二次污染。催化剂的机械寿命应满足催化剂运行管理要求。

25. 催化剂到现场后如何保存？

答：（1）模块需做好防潮，要避开雨水、海水、油、碱金属等的接触。如果可以确保催化剂在干燥状态，则催化剂可以储存在安装现场的一个集装箱或篷仓内（临时性仓库）。当催化剂被暂时置放在户外时（例如在安装期间）应覆盖合适的聚乙烯薄膜和其他防护装置。如果催化剂模块需要存放在露天室外数天时间或更长时间（室外最长允许的存储时间为3个月），则必须使用另外的防水帆布、塑料薄膜或包装材料覆盖，根据使用地区和季节的不同，必要时应存储在篷仓内使防护措施达到室内存储的同等条件。

（2）模块在安装以前，要保持最初供用时的水平状态加以保管，在保管模块时如发生异常问题，请及时联系厂家。

（3）为防止模块的磨损及其他损害，保管模块的附近要禁止一切其他作业。

（4）包装好的模块应摆放一层来统一保管，并在下面垫好垫板。

26. 催化剂安装前应怎么检查反应器及工器具？

答：（1）检查反应器内部规格，要准确确认，如将模块全部安装，是否符合规格。

（2）查看一下模块的位置和大小，确认一下安装模块时，是否会有问题发生。

（3）事先要检查一下电动升降机/起重机/链动滑轮的位置是否安置在适当之处，电动升降机/起重机/链动滑轮是否正常工作。

（4）其他反应器内、外部，与安置脱硝设备无关的零件及工具应收拾保管好。

27. 催化剂应该怎样安装？

答：（1）用叉车等工机具将所要安装的催化剂搬运至安装现场，在各模块四角吊点上安好起吊环套好钢丝绳，然后用电动葫芦将催化剂吊装至安装平台。

（2）催化剂安装时要按照模块表面的箱号依次安装。

（3）催化剂的安装顺序为由内向外，A、B两侧反应器依次进行安装。催化剂吊装至安装平台，先将催化剂落在小车上，然后将催化剂模块悬吊在专用起吊架上，向反应器内部进行倒运，待催化剂倒运至反应器内侧，然后将催化剂拉至安装位置落位。

第一节　脱硝系统的安装

1. 安全阀安装时应注意哪些事项?

答：安装前：检查安全阀出厂资料及外观应无损伤、铅封完好，出厂调整试验报告及合格证齐全。由当地质量技术监督局按照设计开启压力进行整定，提供整定试验报告、铅封，并填写"安全阀调整试验记录"。

安装中：垂直安装不得倾斜。

2. 气动、电动调节阀安装与调整应注意哪些事项?

答：（1）外观无损伤，铭牌完整，规格与型号标识清楚，进出口方向标识清楚，气动电磁阀规格准确，动作灵活。

（2）阀门应安装在水平管道上，气动装置朝上。

（3）100%进行水压试验和密封试验。

3. 脱硝施工准备必须做好哪些事项?

答：为了使各方面的工作达到开工条件和满足施工进度的需要，脱硝施工准备需做好以下事项：

（1）施工人员到位。

（2）施工工具准备。

（3）施工物资准备。

（4）质量三级检查点确认。

（5）规范、标准和施工资料的准备。

（6）技术方案、技术措施的编制和批准。

（7）图纸会审和技术交底。

（8）向监理单位和业主提交开工报告。

4. 脱硝现场避雷接地怎么安装？

答：避雷接地所用钢材均需热镀锌，镀锌厚度符合设计要求。接地极及接地母线配合土建基础施工同步进行，接地线的连接采用搭接焊，其焊接长度为扁钢宽度的2倍以上，且三面焊接。接地极和接地母线焊接时，母线接地卡完成Ω形，以保证焊接面积，焊接部位去渣后刷漆防腐。接地母线敷设完毕进行接地电阻的测试，其数值符合规范要求，当不能满足要求时应加设接地极，并填写接地电阻测试记录，接地系统隐蔽前还要做隐蔽签证。

5. 仪表盘柜的安装步序是什么？

答：核对土建埋件、电缆留孔、最终标高→盘柜底座制作→盘柜底座安装→盘柜运输→盘柜开箱检验→盘柜安装→盘上表计安装→接线。

6. 耙式吹灰器怎么安装？

答：（1）用脱硝检修电动葫芦将耙式吹灰器吊运至反应器催化剂备用层，再用倒链将耙式吹灰器倒运至安装位置。

（2）先安装耙式吹灰器本体，再安装耙式吹灰器主管。

（3）反应器内耙式吹灰器主管和耙管装配时必须保证所有横耙在同一平面内。

7. 氨区压力管道、管件等材料在安装前应怎样检验？

答：管道组成件及管道支撑件在安装前必须进行检验，其产品必须具有制造厂的质量证明书，并应按设计要求核对其规格、型号、材质并进行外观检查，管道组成件表面应无裂纹、缩孔、夹渣、重皮等缺陷，表面不得有超过壁厚负偏差的锈蚀和凹陷，螺纹密封面应良好，精度和光洁度达到设计要求。

8. 阀门安装的检查内容有哪些？

答：阀门安装前应检查其传动装置和操作机构的灵活性，并逐个进行强度和严密性试验，强度试验压力为公称压力的1.5倍，壳体和填充以无渗漏为合格。严密性试验以公称压力进行，阀芯密封面不漏为合格。阀门安装时，应尽量避免外力在手轮上，且阀门处于关闭状态，对流向有要求的阀门，安装时应注意流向与工艺要求一致，阀门安装前应将壳体清理干净。手轮安装方向在无特殊说明时，以方便操作为准，但手轮不应朝下。

9. 氨区法兰安装时应该注意什么？

答：法兰安装时，应保证其密封面与垫片密封无擦伤、划痕等影响密封性能的缺陷；法兰连接时应保持平行，并保证连接螺栓能自由穿入，使用的螺栓应同一规格，安装方向一致，紧固螺栓时，应对称均匀，松紧适度；连接螺栓安装前应涂二硫化钼进行保护，以便日常检修。

10. 氨区管道焊接时的注意事项有哪些？

答：（1）不得在焊件表面引弧或试验电流，焊件表面不得有电弧擦伤等缺陷。

（2）在焊接中确保起弧与收弧的质量，收弧时应将弧坑填满，多层焊的层间接头应相互错开。

（3）除焊接工艺有特殊要求外，每条焊条应一次连续焊完，如故被迫中断，应采取防裂措施。

（4）在保证焊透及熔合良好的条件下，应选用小的焊接工艺参数，采用短电弧和多层多焊道焊接工艺，层间温度应按焊接作业指导书予以控制。

（5）焊接完成后，及时将焊缝表面的熔渣及附近的飞溅物清理干净。

11. 脱硝系统对烟道组合安装有什么要求？

答：（1）组装前各部件经检查合格，连续触面和沿焊缝边缘每边30～50mm范围内的铁锈、毛边、污垢须清除。

（2）各加固件应在板材组装前进行制作加固，再进行组装。

（3）组件顺序具体根据各部件的结构型式、焊接顺序等具体确定。

（4）烟道角接搭口处应伸出10mm搭边，以利保证焊接质量。

（5）在各组合部件划分中必须严格按照图纸各部件编号予以划分，并及时地按照图纸零件号予以标识。

12. 脱硝系统烟道对焊接工艺有什么要求？

答：（1）焊接前必须将焊口两侧不小于30mm范围内的铁锈、污垢、油污、氧化铁等清理干净，使其露出金属光泽。

（2）焊接时尽量在平焊位置进行焊接，一个焊缝不允许有间断，对于多层焊，各层引弧和熄弧的地方要相互错开。

13. 对脱硝系统烟道焊缝进行外观检查的要求是什么？

答：（1）焊缝高度严格按照图纸要求，不得不足或过高。咬边要求：深度≤0.5mm，总长度≤40mm。

（2）焊缝及热影响区表面不允许出现裂纹、砂眼、未熔合、熔瘤等。

（3）焊缝内不允许出现气孔、夹渣等缺陷，不得有漏焊。

（4）进行试验时，焊口必须做渗油试验。

第二节　脱硝系统的调试

1. 燃煤电站 SCR 系统调试的基本内容包括哪些？

答：完整的SCR系统的调试一般包括：单体调试、分部试运行、整体热态调试和整个系统168h试运行4个过程。单体调试的许多工作是结合分部试运行阶段调试完成的。分部试运行是指从脱硝盘柜受电开始到整套启动试运行。单体调试是指单台辅机的试运行，该项工作一般由安装单位负责完成；分系统试运行指按系统对其动力、电力、热控等所有设备进行空载和带负荷的调整试运行，该项工作一般由调试单位负责完成。

2. 什么是单体试运行？

答：SCR单体调试是指对系统内的各类泵、风机、压缩机、各个阀门等按规定进行的开关试验、连续试运行，测定轴承温升、振动以及噪声等，并进行各种设备的冷态连锁和保护试验。单体调试组由施工、调试、监理、承包商、建设、设计等有关单位的代表组成，同时将邀请主要设备厂商参加。

3. 什么是分系统试运行？

答：分系统试运行是指对SCR系统的各组成系统（烟气系统、液氨储存及蒸发系统、AIG喷氨格栅系统、吹灰系统、消防系统、氨泄漏监测系统等）进行冷态模拟试运行，全面检查各系统的设备状况，并进行相关的连锁和保护试验。

4. 什么是热态调试？

答：热态调试是指SCR系统通入热烟气后，对SCR系统所作的调试工作。其主要任务是校验关键仪表（如NO_x分析仪、NH_3检测仪、氧量计、流量计、温度计、压力计等）的准确性，以及进行各系统的运行优化试验，包括DCS的模拟量调节系统（如喷氨控制系统、液氨蒸发系统、缓冲罐压力控制）及顺控系统的投入等，检查各设备、管道、阀门等的运行情况。

5. 什么是168h试运行？

答：SCR系统168h试运行是借鉴了锅炉机组的调试要求，是SCR系统调试的最后阶段，全面投入各项自动和保护装置的情况下，考查系统连续运行能力和各项性能指标的重要阶段。

6. 如何进行系统的气密性试验？

答：（1）气密性试验先用仪用气源加压，后用压缩机加压至2.16MPa。

（2）气密性试验加压分4个阶段进行，分别为0.1MPa、0.5MPa、1.0MPa和2.16MPa。

（3）检查方法为用浓肥皂水涂刷各密封点和焊缝，无气泡冒出。

（4）加至2.16MPa后，保压24h，前2h压力允许下降0.03MPa，后22h允许下降0.02MPa为合格。

（5）气密性试验必须经相关单位现场签证确认，并做好试验记录。

（6）气密性试验结束后，放尽系统内压力。

7. 如何做氨区喷淋系统的试验？

答：（1）模拟一个氨气泄漏检测装置到达报警上限，氨区相应的消防喷淋水气动阀门应该能够自动打开。

（2）模拟液氨储罐压力高或者温度高到达报警上限，工业水喷淋降温气动开关阀门应该自动打开。

（3）用一定浓度的氨水，现场实际触发氨泄漏检测仪，氨区相应的消防喷淋水气动阀门应该能够自动打开。

8. 液氨储罐至液氨蒸发槽管道应怎么置换？

答：打开液氨储罐至液氨蒸发槽管线氮气吹扫阀，打开液氨储罐液氨出口阀至液氨蒸发槽入口气动阀之间管道上的所有阀门（排放门除外），给管道充压至0.5MPa，打开液氨储罐出口液氨排空阀，压力降至0.1MPa时，关闭液氨储罐出口液氨排空阀，反复操作4～5次。给管道充压至0.5MPa，打开液氨蒸发槽入口排空阀，压力降至0.1MPa时，关闭液氨蒸发槽入口排空阀，反复操作4～5次。

9. 脱硝系统安全预防措施有哪些？

答：（1）系统安装的所有设备材料必须满足存储液氨的需要，严禁使用红铜、黄铜、锌、镀锌的钢、包含合金的铜及铸铁零件。

（2）系统要进行严密性试验，确保系统严密，无泄漏点。

（3）液氨储罐最高液位绝对不允许超过罐容积的90%所对应的高度。

（4）控制罐内的压力在1.5MPa以内，温度在40℃以下。如果存储罐内压力高于1.8MPa或者温度高于45℃时，喷水装置要求能够自动打开进行喷水冷却降压。

（5）安全阀在安装之前，必须经有资质的单位进行校验，并出具校验合格证明书。

（6）工作人员处理氨气泄漏问题时，需穿戴好个人保护用品，不参加泄漏问题处理的无关人员必须远离氨气泄漏的地方，而且必须站在上风方向。

（7）运行期间确保液氨存储和蒸发系统区域的淋浴和洗眼器的生活水供应正常。

（8）液氨存储系统要有专人24h值班，除运行人员定期检查外，值班人员也要利用便携式氨气监测仪对系统周围进行检测，确保系统无泄漏。

10. 反应系统出口烟气分析仪应怎样进行静态调试？

答：（1）利用标准气体对烟气氮氧化物分析仪、氨气分析仪和氧量分析仪等分析仪表进行标定，确保分析仪测量准确，分析仪的各个设备工作正常。

（2）在分析仪静态调试完毕后，对分析仪的信号进行联调，使分析仪测量出来的信号能够准确地反映在DCS的CRT画面上。

11. 脱硝系统（液氨法）整套启动前，辅助系统应做哪些检查？

答：（1）脱硝压缩空气系统能够为整个脱硝系统供应合格的压缩空气。

（2）液氨存储和蒸发系统区域的喷淋水系统（水源来自消防水和工业水）可随时投入使用。

（3）加热蒸汽供应正常。

（4）液氨存储和蒸发系统区域的氮气吹扫可正常投入使用，氮气储备充足。

12. 脱硝系统整套启动前，SCR 反应系统应做哪些检查？

答：（1）反应器系统的保温、油漆已经安装结束，妨碍运行的临时脚手架已经拆除。

（2）反应器及其前后烟道内部杂物已经清理干净，在确认内部无人后，关闭检查门和人孔。

（3）反应器的声波吹灰器试运行合格，压缩空气供应稳定，压力满足要求。

（4）反应器出口的烟气分析仪已经调试完成，可以正常工作。

（5）反应器系统的相关监测仪表已校验合格，投运正常，CRT参数显示准确。

13. 脱硝系统整套启动前，液氨卸料和存储系统应做哪些检查？

答：（1）系统内的所有阀门已经送电、送气，开关位置准确，反馈正确。

（2）液氨存储系统已经存储足够的液氨，液氨存储罐的液位不能超过规定的液位高度。

（3）卸料压缩机各部位润滑良好，安全防护设施齐全，可以随时启动进行正常卸氨。

（4）氨气泄漏检测装置工作正常，高限报警值已设定好。

（5）氨气稀释槽已经注好工业水，水位满足要求。

（6）废水池的废水泵试运行合格，可以正常投用。

（7）液氨卸料和存储系统的相关仪表已校验合格，已正确投用，显示准确，CRT相关参数显示准确。

14. 脱硝系统（液氨法）整套启动前，喷氨系统应做哪些检查？

答：（1）系统内的所有阀门已经送电、送气，开关位置正确，反馈正确。

（2）液氨蒸发槽内部杂物已经清理干净，并把人孔门关闭。

（3）氨气缓冲槽内部杂物清理干净，并把人孔门关闭。

（4）喷氨系统的氨气流量计已经校验合格，电源已送，工作正常。

（5）喷氨系统相关仪表已校验合格，已经正确投用，显示准确，CRT相关参数显示准确。

（6）喷氨格栅的手动节流阀在冷态时已经预调整好，开关位置正确。

（7）稀释风机试运行合格，转动部分润滑良好，绝缘合格，动力电源已经送上，可以随锅炉一起启动。

（8）脱硝系统相关的热控设备已经送电，工作正常。

（9）电厂酸碱中和系统可以接纳由脱硝废水池来的废水。

15. 脱硝系统启动前的试验应符合哪些规定？

答：（1）应测试动力电缆和仪用电缆的绝缘电阻。

（2）应对氨气、氮气、杂用气和仪用气的管道进行泄漏试验。

（3）应进行转动设备电气开关试验。

（4）应进行电动门、气动门的远方开关试验。

（5）各种信号、连锁、保护、程控、报警值设置完成。

（6）仪器仪表校验应合格，包括烟气分析仪、流量、压力、温度变送器、控制系统的回路指令控制器、就地压力、温度、流量指示器等。

16. 喷氨格栅调整的目的是什么？

答：通过调整手动NH_3控制阀保证NH_3与NO_x混合均匀，在反应器出口建立均匀、稳定的NH_3分布，使SCR系统在保持高脱硝效率的同时，保持最小的氨逃逸和良好的可控性运行。

17. 脱硝系统启动前蒸汽吹灰系统的检查有哪些？

答：蒸汽管道吹扫已干净；压力、温度、流量等测点已投入；吹灰器油位正常；吹灰器单体调试已结束，DCS传动正常，吹灰器进退无卡死，限位开关调整完毕。

18. 脱硝系统（液氨法）启动前的系统检查有哪些?

答：（1）系统启动前应首先做好相应的准备工作，启动相关的辅助系统，如工业冷却水泵、空气压缩机等，并对系统设备进行检查。

（2）氨气母管打压查漏、气体置换合格，将氨区缓冲罐出口手动门全开，通过调整氨气缓冲罐出口调节门，将母管压力调节到0.15~0.2MPa范围内，且无泄漏报警。

（3）检查稀释风管道。稀释风进入烟道的手动门应全开，稀释风机入口无杂物，转动部分无障碍，风机手动阀门动作灵活，方向正确。

（4）检查取样风机管道是否存在泄漏，冷却水是否投入，轴承油位是否正常，风机手动阀门应动作灵活，方向正确。

（5）检查DCS上热工信号是否正确。

（6）检查氨气管道支撑牢固，生产区域无杂物。

（7）检查脱硝反应器各部人孔门已关闭，烟道保温完好。

19. 脱硝系统性能试验有什么要求?

答：脱硝系统性能试验包括功能性试验、技术性能试验、设备和材料试验。各试验的要求如下：

（1）功能性试验：在脱硝系统设备运转之前，应先进行启动运行试验，应确认装置的可靠性。

（2）技术性能试验参数应包括脱硝效率、氨逃逸率、还原剂消耗量、氨氮摩尔比、脱硝系统电、水、压缩空气、蒸汽等消耗量、控制系统的负荷跟踪能力及噪声。

（3）设备和材料试验：确认在锅炉额定负荷下以及在实际运行负荷下的性能。

20. 氨区不锈钢阀门进行水压试验后应注意什么?

答：氨区不锈钢阀门进行水压试验后，应注意水中的氯离子含量不得超过25mg/L，试验合格后应立即将水渍清理干净。

第五章 脱硝系统的运行和维护

第一节 脱硝系统运行管理

1. 卸氨操作及注意事项有哪些？

答：（1）液氨槽车应按照规定行车路线行驶，在指定地点停车或等待。等待时应避免阳光直晒，并与其他车辆、热源、危险场所等保持一定的安全距离。

（2）操作人员应穿戴劳动防护用品，严格执行接卸安全操作规程。

（3）接卸应采用金属万向管道充装系统，禁止使用软管接卸。

（4）卸氨过程中，驾驶员、押运员和企业接卸操作人员等相关人员必须在现场，驾驶员必须离开驾驶室。卸氨期间，操作人员不得离开现场。

（5）卸氨时周围严禁烟火，不得使用易产生火花的工具和物品。

（6）卸氨时严密监视槽车压力，应保证槽车内残压不低于0.3MPa，且相关管道液氨或气氨不向大气排放。

（7）液氨卸车结束后禁止立即打火启动槽车，待确认周围空气中无残氨5～10min后方可启动槽车。

2. 氨气泄漏处理原则是什么？

答：（1）"救人第一"和"先控制"（控制扩散区域和中毒人员）、"后处置"（疏散救人、处置毒源）的基本原则。

（2）立即查找漏点，快速进行隔离。

（3）严禁带压堵漏。

（4）如产生明火时，未切断氨源前，严禁将明火扑灭。

（5）当不能有效隔离且喷淋系统不能有效控制氨向周边扩散时，立即启用消火栓、消防车加强吸收，并疏散周边人员。

3. 液氨车在哪些情况下不允许卸车?

答:车辆提供的文件资料与实物不相符合;罐车未按照规定进行定期检验;安全附件(包括紧急切断装置)不全、损坏或者有异常;罐体外观有严重变形、腐蚀凹凸不平现象;其他有安全隐患的情况。

4. 液氨接卸时对人员的要求是什么?

答:(1)必须进行专业教育、培训,经考核合格,取得特殊工种作业证和安全作业证。

(2)应熟悉液氨安全装卸规程,正确佩戴防护用品,规范作业。

(3)应具有一般消防知识,熟悉液氨的特性,掌握储存、装卸装置的事故处理程序及方法,具有应急处理能力。

5. 脱硝系统运行温度过低对催化剂有哪些影响?

答:烟气温度在280℃以下时,烟气中的三氧化硫(SO_3)和氨反应生成硫酸氨和硫酸氢氨会凝结在催化剂表面,且温度越低生成的硫酸氨和硫酸氢氨越多,造成催化剂失活。

6. 脱硝系统运行烟温过高对催化剂有哪些影响?

答:烟气温度过高会造成催化剂烧结,烧结会导致催化剂比表面积和孔容的降低,降低脱硝效率。

7. 运行中对液氨储存罐有何要求?

答:严禁氨系统超压运行。液氨储存罐温度高于40℃,要及时检查其喷淋水系统自动投运,对液氨储存罐冷却。液氨储存罐最大允许储存量不超过有效容积的85%。

8. 液氨区夏季运行的注意事项是什么?

答:(1)环境温度持续升高,加强液氨储罐温度、压力监视。

(2)液氨储罐压力大于1.6MPa或者储罐温度大于40℃时,及时开启液氨储罐区消防喷淋水对液氨储罐进行降温。

(3)开启液氨储罐区消防喷淋降温水前,应在运行液氨储罐液氨出口气动门上设置"检修"牌,防止消防水动作联关引起供氨中断。

（4）液氨接卸工作应避开高温时段进行，防止液氨槽车超压安全阀动作引起人员中毒。

（5）液氨储罐压力高安全阀动作后，大量气氨排至氨气稀释罐，应及时开启氨气稀释罐补水阀进行补水稀释。

9. 液氨蒸发系统进行排污时的注意事项是什么？

答：氨气与水溶解时会放出大量热量，伴随着管道剧烈震动，所以在排污时氨气稀释罐处会发出强烈震动。发生震动应及时停止排污，防止损坏设备。排污后的氨气在稀释罐中被水稀释，稀释罐换水后，废水坑中会存在氨水，挥发出氨气，所以废水坑处不要靠近。操作人员应做好氨气中毒、高处坠落等相关危险点控制。

10. 氨站系统正常运行突然停电应如何操作？

答：氨站系统正常运行时，如出现突然停电，应先关闭进料阀、各泵体入口阀，再停止加热系统。

11. 氨站系统正常运行突然失去控制气源应如何操作？

答：氨站系统正常运行时，如气源有异常，应先关闭液氨进料阀及液氨泵出、入口阀，再停止加热系统。

12. 氨站系统正常运行突然热源中断应如何操作？

答：液氨蒸发过程中如出现加热系统故障，则停止液氨泵运行，关闭液氨泵出口阀、入口阀，停止加热系统。

13. 脱硝反应器温度低或超温如何操作？

答：锅炉启动后应监视反应器的温升速度，冷态启动时不应超过5℃/min。同时，氨气的投入也对温度有要求，反应器中催化剂的最佳工作温度应在320～420℃，烟温大于420℃只能承受5h的短期高温冲击。因此，如启动温升过快或温度超过420℃，则应及时要求锅炉调节燃烧。

14. 氨气缓冲罐使用的注意事项是什么？

答：氨气缓冲罐特别要注意氨气的冷凝，通过罐体安装的温度、压力表计可以判断是否有冷凝现象。当出现冷凝现象时，可启动罐体的电伴热、蒸汽伴热等，以提高罐体温度，实现冷凝液的汽化。

15. 氨气系统气密性试验主要检查哪些设备？

答：氨气系统气密性试验主要检查设备及管线的焊口、法兰、阀门、人孔、仪表等的泄漏情况，使之能够安全稳定运行。

16. 液氨蒸发器运行时要密切注意哪些参数？

答：液氨蒸发器运行中，要密切监视氨气压力和温度，以防压力、温度失去控制，液氨大量进入氨气缓冲罐。

17. 氨系统采用氮气置换的合格指标是什么？

答：氨系统采用氮气置换后应检测系统内部 O_2 含量，气体 O_2 含量小于0.5%为合格。

18. 水解法尿素制氨工艺的启、停操作和控制是怎样的？

答：系统启动时，控制反应器内的尿素溶液吸收热量的速度，使反应器内达到一定压力值后控制阀开启，输送至管路系统，经喷氨格栅喷射入烟气中参与反应。NH_3 的给料管路维持在170℃以上。启动过程中，通过调节吸收蒸汽热量，控制水解反应器内气体压力，达到一个稳定的运行压力。系统停止操作时，首先关闭反应器内热交换器的蒸汽供应阀，停止反应器内尿素的供给。吸热水解反应在消耗系统内的潜热后反应速度降低，在正常停机后，反应器出口气体在停机操作的同时还可以进入SCR装置进行反应。系统关闭后需进行蒸汽或除盐水清洗流程，对水解系统所有管路和反应器进行吹扫。

19. 尿素水解反应器排污有何要求？

答：设备运行过程中，每月进行一次在线排污。排污前检查排放管路伴热温度符合要求，检查反应器液位不低于1100mm。排污时，就地打开一个排污口的排污阀，排污量等于反应器内反应液体积的5%后，关闭排污阀，再打开另一个排污口排污阀，排污量等于反应器内反应液体积的5%后，关闭排污阀。不宜两个排污口同时排污。

20. 尿素水解反应器首次启动有哪些注意事项？

答：（1）由于设备及管道运输和安装过程中会产生杂物及锈蚀，因此需要在系统启动以前进行冲洗，冲洗介质为除盐水。

（2）打开反应器除盐水入口阀及排污阀，冲洗5～10min。

（3）关闭排污阀，待水解反应器液位升至一半，关闭除盐水入口阀，打开排污阀，将冲洗水放空。

21. 当水解反应器压力过高或有其他紧急情况时，要采取哪些防护应对措施？

答：（1）水解反应器出口设气相和液相紧急卸压管路，卸压管出口端接溶液罐。

（2）水解反应器加热蒸汽入口端设冷却水管路，紧急情况发生时，切断蒸汽供应，通入冷却水（除盐水），使水解器迅速降温，冷却水回疏水管路。

（3）水解反应器设紧急排放管路，水解反应器内溶液紧急排放至废水池。

22. 运行期间如何控制氨逃逸？

答：在系统喷氨后，要注意反应器出口的氨气浓度不能超过2.28mg/m³（3ppm），否则，要检查喷氨是否均匀，如有可能，要测试反应器出口的氮氧化物分布情况，以便个别地调整喷氨格栅的喷氨流量。如果短时间不能解决氨气浓度超过2.28mg/m³（3ppm）的问题，在保证达标排放的情况下尽量减少氨气的注入量。

23. 简述喷氨流量是如何控制的？

答：注入氨气流量是根据设置的期望的NO_x去除率、锅炉负荷、总的烟气流量、总燃料量的函数值来控制的。其基本的控制思想是根据入口氮氧化物含量（该含量又是根据总的空气流量与总的燃料量来求出一个锅炉负荷，从而对应于某一负荷下的入口NO_x含量）及期望的脱硝效率计算出一个氨气流量，然后再通过出口氮氧化物实际含量来修正喷氨流量，同时氨逃逸率也是一个控制因素。

24. 运行过程中怎样避免出口氮氧化物超标？

答：（1）提高脱硝运行人员监盘质量，强化风险意识。在监盘过程中，密切关注相关参数变化，提高环保参数的敏感度。

（2）脱硝专业设备管理人员必须针对测点异常等情况制定相应的措施。

（3）定期组织运行管理人员、设备管理人员等对近期设备故障原因进行分析，制定解决方案。

（4）运行人员在监盘过程中，对参数异常进行逻辑分析。

（5）制定奖惩考核制度。

25. 发电企业对脱硝管理和运行人员进行的岗前培训应包括哪些内容？

答：（1）国家相应的法规标准、污染物排放标准及总量控制要求等。

（2）危险化学品相关知识。

（3）脱硝设施及系统的原理、工艺流程、设备规范、设计及调整控制参数。

（4）脱硝装置投运的必备条件及投运前的检查项目。

（5）脱硝装置以及各分系统设备启停的操作步骤。

（6）脱硝装置正常运行的监控参数、调整及巡回检查内容。

（7）脱硝装置运行故障的检查、发现、排除。

（8）事故或紧急状态下的操作原则及步骤，氨气泄漏应急救援预案的启动、急救、报警和自救措施等。

（9）脱硝设施的日常与定期维护检修项目等。

26. 发电企业脱硝系统台账管理主要记录内容应包括哪些？

答：（1）脱硝系统投运、停止时间。

（2）脱硝还原剂进厂分析数据、进厂数量、进厂时间。

（3）脱硝系统运行参数，包括：还原剂区各设备压力、温度、氨泄漏值，反应器出入口烟气温度、烟气流量、烟气压力、氮氧化物和氧气浓度，反应器出口氨逃逸率，催化剂参数等。

（4）脱硝系统主要设备的检修情况。

（5）烟气连续监测数据、污水排放、失效催化剂处置情况。

（6）设备运行及维护记录、检修记录、缺陷记录、两票三制管理记录等。

27. 液氨储存与氨稀释排放系统在启动前应进行哪些检查工作？

答：（1）还原剂制备区电气系统应投运正常。

（2）仪表电源正常，特别是双电源切换。

（3）仪用空气压力应达到系统运行要求。

（4）吹扫用氮气量应准备到位，品质符合要求，压力正常。

（5）杂用空气压力应达到系统运行要求。

（6）还原剂制备区液氨存储和氨气制备区域的氨气泄漏检测装置工作正常。

（7）氨稀释槽、液氨储存罐内部应清洁，废液池清洁。

（8）氨稀释系统应正常。

（9）氨废液吸收系统应具备投运条件。

（10）氨废液排放系统应具备投运条件。

（11）液氨储存罐降温喷淋应具备投运条件。

（12）卸氨压缩机应具备启动条件。

（13）压力、温度、液位、流量等测量装置投运正常。

（14）上位机检查确认系统连锁保护应100%投运。

（15）检查确认防护用品、急救用品应准备到位。

（16）急救措施、应急预案审批完毕并经预演。

（17）安全阀一次门开关位置应正确。

（18）卸氨系统用氮气置换或抽真空处理完毕，氧含量应达到设计安全要求，不宜超过3%。

28. 液氨蒸发系统及其氨缓冲罐冲洗系统在启动前应检查哪些内容？

答：（1）液氨蒸发器、氨缓冲罐内部应清洁，人孔门封闭完好。

（2）氮气置换系统应已经置换。

（3）压力、温度、液位等测量装置应完好投运。

（4）液氨蒸发器加热蒸汽应具备投运条件。

（5）氨缓冲罐应具备储、供氨条件。

29. 稀释风机在启动前应检查哪些内容？

答：（1）稀释风管内部应清洁。

（2）喷氨混合器应完好，喷嘴应无堵塞。

（3）压力、压差、温度、流量等测点应完好投运。

（4）稀释风机润滑油应正常并具备投运条件。

（5）稀释风系统阀门应处于开启位置。

30. 哪种情况下需要紧急停运脱硝系统?

答:（1）锅炉MFT的。

（2）氨供应系统故障,必须中断供氨进行处理的。

（3）催化剂堵塞严重,经过吹灰后仍不能维持正常差压的。

（4）存在危及人身、设备安全的因素的。

（5）电源故障中断的。

31. 简述脱硝系统的启动步骤是什么?

答:（1）首先对还原剂系统的设备和管道进行氮气吹扫,检查系统严密性。

（2）卸氨,将还原剂输送到储存罐。

（3）启动液氨蒸发或尿素热解系统,将还原剂加热成为氨气。

（4）启动稀释风机。

（5）烟气进入SCR反应器。

（6）启动吹灰器。

32. 脱硝系统运行调整的主要原则是什么?

答:（1）脱硝系统正常稳定运行,参数准确可靠。

（2）脱硝系统运行调整服从机组负荷变化,且在机组负荷稳定的条件下进行调整。

（3）脱硝系统运行调整宜采取循序渐进方式,避免运行参数出现较大的波动。

（4）在满足排放指标的前提下,优化运行参数,提高经济性。

33. 烟气温度低于最低连续喷氨温度时该怎么处理?

答:当SCR反应器入口烟气温度低于最低连续喷氨温度时,通过协调负荷、燃烧调整等措施提高入口温度,当达不到要求时,应停止喷氨。若在低温下喷氨短暂运行一段时间后,应按照催化剂供货商提供的使用要求,尽快提高机组负荷,通过高温烟气来消除硫酸铵盐的影响。在机组低负荷时,通过省煤器分级、省煤器烟气旁路或提高给水温度等方式,保证SCR反应器入口烟气温度高于最低连续喷氨温度,保障脱硝系统正常运行。

34. 烟气温度大于连续喷氨温度时该怎么处理?

答：运行中应控制SCR反应器入口烟气温度小于420℃，当SCR反应器入口烟气温度大于420℃、小于450℃时，运行时间不能超过5h；严禁SCR反应器入口烟气温度超过450℃，防止催化剂发生烧结。SCR反应器入口烟气温度大幅度上升等故障工况下，为了避免催化剂的烧结失活，应当立刻降低锅炉负荷，以保护脱硝催化剂。

35. 从脱硝系统运行管理方面分析，怎样确保氨逃逸在合格范围内?

答：（1）按照设计参数并依据SCR反应器出口NO_x浓度调整喷氨量，严格控制氨逃逸不大于$2.28mg/m^3$（3ppm）。

（2）从运行参数检查分析均流板、格栅板是否起到均流作用。当脱硝效率较低而局部氨逃逸率偏高时，应对喷氨格栅阀门进行调节优化，每年应进行一次NH_3/NO_x摩尔比分布（AIG）优化调整试验，以优化脱硝系统性能。

（3）当氨逃逸浓度超过设定值，而SCR反应器出口NO_x浓度没有达到设定要求时，应谨慎增大氨气的注入量，防止NO_x超标排放现象发生。尽快查找氨逃逸偏高的原因。

（4）对高硫分煤种，应严格控制喷氨量，防止过量喷氨，控制硫酸氢铵生成量。

（5）脱硝入口参数在设计范围内，并且脱硝效率与出口氮氧化物满足排放标准时，不应追求更高效率而过量喷氨。

（6）锅炉发生爆管事故时，为了防止催化剂受潮，应立即停止喷氨，做好烟道、灰斗的除湿和干燥，同时催化剂强制冷却到120℃，保持自然通风。

36. 在机组调峰频繁时，怎样控制氨逃逸?

答：当调峰频繁，不仅氮氧化物超标，同时氨逃逸超标时，要加强自动控制装置做优化调整，依据试验结果，增加机组不同负荷对应的最大喷氨量限制，防止自动调整时氨逃逸过大，同时减少脱硝装置运行对锅炉尾部烟气系统设备造成影响。

37. 氨系统运行时需要注意哪些要点?

答：（1）由于氨气的毒性和易燃易爆性，为了确保氨系统能够安全稳定运行，液氨卸料和氨蒸发器投运/停运，以及氨蒸发器互相切换，必须按照操作票进行操作。

（2）氨稀释槽和废水池中的氨水，受热后会挥发氨气，为了避免因高浓度的氨水挥发大量氨气，影响氨区工作人员的身心健康，应定期将稀释槽和废水池中的含氨废水排出，用废水泵排至废水处理系统进行处理。

（3）应定期检查氨泄漏检测仪，保证氨系统的可靠性。

（4）氨系统检修前后，需进行氮气置换。

（5）由于蒸发器设计原因，为了防止蒸发器出现冷热分层现象，在氨蒸发器运行时，应保持蒸发器的工艺水疏放阀和入口阀在一定的开度，是蒸发器内的热水实现循环。

38. 为什么低氮燃烧技术在低负荷时 NO_x 的排放不易控制？

答：一般而言，为了保证汽温，锅炉在低负荷运行时通常会适当提高燃烧时的过量空气系数。过量空气系数的提高使得燃烧中氧量偏高，分级燃烧效果降低，也就是没有有效发挥空气分级的特点以降低 NO_x 的排放，这是锅炉低负荷时 NO_x 不易控制的主要原因。另外，当机组在低负荷运行时，即使不参与燃烧配风的二次风门全关，风门挡板仍留有一定的流通空隙，以保证约10%左右的二次风通过，冷却该燃烧器喷嘴。但由于锅炉在低负荷运行时，总的运行风量较小，而燃烧器停运风门全关时流通空隙的结构，冷却风量占燃烧风量的比例在低负荷时明显增加，低负荷运行时主燃烧器区域的低氧量无法保证，分级燃烧效果降低，因此低负荷控制 NO_x 的效果不明显。

39. 如何保证 SCR 系统 NO_x 脱除效率？

答：为了保证SCR脱硝系统脱硝效率，需要保证脱硝入口烟气在合适的温度区间、喷入适量的脱硝还原剂以及及时进行催化剂吹灰。

40. 烟气中 SO_3 含量增大对机组运行有哪些影响？

答：（1）烟气中 SO_3 和SCR漏失的氨生成硫酸氢氨，使空气预热器和静电除尘器堵塞。

（2）烟气的酸露点温度升高，造成设备腐蚀。

（3）硫酸雾使烟气呈蓝色，影响电厂环保形象。

（4）硫酸雾可能会在烟囱附近沉降，直接影响电厂。

（5）氨漏失生成硫酸氨，增大细微颗粒排放。

41. 防止硫酸氢氨对空气预热器造成影响的措施有哪些？

答：（1）限制通过SCR催化剂的烟气SO_2/SO_3的转换率。

（2）控制SCR出口的NH_3泄漏量。

综合上述两点，实际操作时，在试运行期间调整氨的喷射流量，以获得设计的脱硝效率及NH_3逃逸，在运行期间定期检测烟气中NH_3残余量，以调整氨的注入量。

42. 防止催化剂堵灰的措施有哪些？

答：锅炉飞灰对催化剂性能存在影响，除了通过改善烟气流场分布以外，还可以选择合理的催化剂间距和单元空间，并使进入SCR反应器烟气的温度维持在氨盐沉积温度之上，以防止催化剂的堵塞。另外，吹灰器布置、运行周期及吹扫时间合理，才能保证催化剂通道的畅通。

43. 针对影响 SCR 脱硝效率的主要影响因素，在运行管理上需要注意哪些方面？

答：（1）根据催化剂厂家提供的运行温度参数，控制SCR的运行温度在合理的温度范围内，当温度过高或过低时及时进行运行调整。

（2）保证合理的氨氮摩尔比分布，避免片面追求脱硝效率引起的氨逃逸率偏高的现象，保证SCR脱硝反应器出口的氨逃逸率在$2.28mg/m^3$（3ppm）以下，以防止对空气预热器或下游设备造成影响。

（3）运行过程中及时监控催化剂层SCR系统压降，选用合理的催化剂吹灰频率，当压降有所增加时，需要及时调整吹灰频率。在机组检修时，及时对催化剂层及喷氨格栅进行全面清灰。

（4）随着烟气负荷的升高或入口氮氧化物的升高，在同样的喷氨量下，脱硝效率会有所降低，此时需要根据相应的修正曲线及时调整氨氮摩尔比，使系统的脱硝效率满足环保要求。

44. 采用尿素溶液作为还原剂时 SNCR 对锅炉效率的影响是什么？

答：因喷入锅炉内的尿素溶液浓度为10%左右，对锅炉效率的影响主要是溶液中的水汽化和尿素分解所造成的热损失，导致锅炉效率降低。

45. 增加 SCR/SNCR 后，对空气预热器有哪些特殊要求？

答：由于少量氨的逃逸是不可避免的，炉内SO_3也客观存在，因此势必产生部分硫酸氢铵，该物质在146～207℃之间呈液态且有较强的黏结性，会与飞灰结合附着在空气预热器的低温段，为了便于清理，最好采用脱硝专板型的搪瓷板式回转预热器，若采用管式预热器，也应在低温段采用搪瓷管式。

46. SNCR 脱硝装置对锅炉受热面运行有什么影响？

答：（1）SNCR脱硝技术向炉内喷射尿素溶液作为还原剂，锅炉在正常运行过程中，不会对炉内受热面系统造成明显的腐蚀。

（2）向炉内喷射的脱硝剂只占炉内物料、气体的很小一部分，除用于选择性地脱除NO_x外，脱硝剂在炉内气氛和炉料的性质并无重大影响。

（3）还原剂喷射点在旋风分离器入口烟道，脱硝只要反应区为旋风反应器入口，锅炉此区域均敷设有耐火耐磨材料，具有很好的抗腐蚀性能。

（4）循环流化床锅炉炉内使得SO_2和SO_3含量降低，从而使得生成铵化合物NH_4HSO_4以及（NH_4）$_2SO_4$的可能性降低，但在特殊工况下，由于脱硝产物中的水再加上烟气介质恶劣环境，仍可能会有腐蚀和受热面沾污情况发生。

（5）脱硝系统向炉内喷射的是脱硝剂，并未增加炉内气氛的酸性。尿素为弱碱性，因此脱硝剂整体上呈现弱碱性，从酸碱性腐蚀的角度来说，是利于降低腐蚀的。从脱硝的化学过程来看，NH_3消耗了NO_x反应生成中性的N_2和水，而NO_x的酸性比氰酸更强，因此经过脱硝反应后，炉内气氛的酸性程度将会降低。

第二节　脱硝系统维护管理

1. 氨系统气体置换遵循什么原则？

答：（1）确保连接管道、阀门有效隔离。

（2）氮气置换氨气时，取样点氨气含量应不大于27mg/m³（35ppm）。

（3）压缩空气置换氮气时，取样点含氧量应达到18%~21%。

（4）氮气置换压缩空气时，取样点含氧量小于2%。

2. 氨区动火作业有什么要求？

答：氨区及周围30m范围内动用明火或可能散发火花的作业，应办理动火工作票，在检测可燃气体浓度符合规定后方可动火。严禁在运行中的氨管道、容器外壁进行焊接、气割等作业。

3. 氨区储罐内检修的常规要求是什么？

答：氨区储罐内检修维护作业，应有效隔离系统，并经气体置换，同时要落实有限空间作业安全措施。

4. 液氨系统的管道、阀门设计压力及温度要求是什么？

答：液氨系统的管道设计压力不低于2.16MPa，设计温度不低于50℃，最低设计温度应根据当地最寒冷月份最低气温平均值确定。与液氨储罐本体连接的第一道阀门、法兰及附件按公称压力4.0MPa选用，其他阀门、法兰及附件的公称压力应不小于2.5 MPa。

5. 液氨储罐应设置超温、超压保护装置的要求是什么？

答：液氨储罐应设置超温、超压保护装置，超温设定值不高于40℃，超压设定值不大于1.6MPa，保护动作时能够自动连锁启动降温喷淋、切断进料。

6. 氨区设备防静电跨接线的安装要求是什么？

答：氨区及氨输送管道所有法兰、阀门的连接处均应设金属跨接线，跨接线宜采用4×25mm镀锌扁钢，或不小于φ8的镀锌圆钢。

7. 氨区防爆电气设备的防爆等级如何要求？

答：氨区所有电气设备、远传仪表、执行机构、热控盘柜等均应选用相应等级的防爆设备，防爆结构选用隔爆型（Ex-d），防爆等级不低于ⅡAT1。

8. 氨区设备色标的相关要求是什么？

答：液氨储罐罐体表面色为银（B04），万向充装系统、氨管道表面色为中黄（Y07），色环为大红（R03）。

9. 液氨系统垫片及阀门连接件对选材有何要求？

答：采用不锈钢缠绕石墨垫片、35CrMo全螺纹螺柱、30CrMoⅡ型六角螺母。

10. 烟气中含水率对催化剂特性有哪些影响？

答：大多数学者认为，水是SCR反应的产物，它能够与催化剂的表面相互作用，从而改变活性位的结构，进而抑制SCR反应的发生。当然，这种作用并不显著，对此的解释是在催化剂的表面H_2O和NH_3争夺活性位的结果。尽管在SCR反应中水的存在是不利的，但是水的存在通常能够提高SCR反应的选择性，比如降低钒类催化剂作用下N_2O的生成量等。一般来讲，对于特定的催化剂，烟气中含水率越高，对催化剂的活性越不利。

11. 烟气中飞灰对催化剂的选择有什么影响？

答：在燃煤锅炉高含灰烟气SCR系统中，催化剂随着其活性的损失渐渐老化，主要是因为接触烟气中的飞灰。催化剂性能退化速率的估计、使用寿命的确定必须考虑它的运行环境（如毒物特性、灰尘浓度和潜在的磨损等）的影响，燃煤发电厂SCR工程中，烟气中的飞灰对催化剂的性能影响主要有4个方面：

（1）飞灰成分对催化剂活性位的化学和物理影响，通常指催化剂中毒。

（2）非常细的飞灰颗粒在催化剂表面沉积，会堵塞进入催化剂活性位的通道或减少其活性表面积。

（3）SCR反应器中烟气流动不均匀，飞灰中的颗粒会造成催化剂磨损。

（4）飞灰中CaO造成催化剂的毒化。

12. 烟气温度对催化剂特性的影响有哪些？

答：不同的催化剂具有不同的适用温度范围。当反应温度低于催化剂的适用温度范围下限时，在催化剂上会发生副反应，NH_3与SO_3和H_2O反应生成（NH_4）$_2SO_4$或NH_4HSO_4，减少与NO的反应，生成物附着在催化剂表面，堵塞催化剂的通道和微孔，降低催化剂的活性。另外，如果反应温度高于催化剂的适用温度，催化剂通道和微孔发生变形，导致有效通道和面积减少，从而使催化剂失活。温度越高，催化剂失活越快。

13. 催化剂模块的装卸有何要求？

答：（1）将包覆一层塑料薄片的催化剂模块利用专用的起重装置装卸。

（2）在装载和卸载催化剂模块的过程中要格外小心，以免催化剂掉落或受到突然的撞击。

（3）雨天不能装卸催化剂模块。

（4）不要移动或损坏安装在催化剂模块顶部的栅栏和网孔。

（5）不允许不经过栅栏和保护网而直接在催化剂单元上行走。

14. 对于脱硝催化剂的选型有何规定？

答：（1）应遵循脱硝效率高、选择性好、抗毒抗磨损性强、阻力合适、运行可靠的原则，应优先选择压降小、可再生利用的催化剂，最大程度地适应燃料类型和运行条件。

（2）烟气灰分不大于20g/m³时，催化剂的节距宜不小于6mm；烟气灰分为20~40g/m³时，催化剂的节距宜不小于7mm；烟气灰分为40g/m³及以上时，催化剂的节距宜不小于8mm；催化剂制造厂家应根据自身产品技术特点和设计条件合理确定。当3种催化剂皆可使用时，应从性价比上综合考虑。

（3）应定期取出催化剂测试块进行性能测试，其化学寿命和机械寿命应满足催化剂运行管理的要求。

15. 如何对催化剂进行无害化处理？

答：对于蜂窝式SCR催化剂，一般处理方式是把催化剂压碎后进行填埋。填埋按照微毒化学物质的处理要求，在填埋坑底部铺设塑料薄膜。板式催化剂除了采用压碎填埋的方式外，由于催化剂内含有不锈钢基材，并且催化剂活性物质中有钛、钼、钒等金属物质，因此可以送至金属冶炼厂进行回用。

16. 检修期间，SCR 反应器系统应进行哪些主要检查项目？

答：（1）催化剂及密封系统严密性检查。

（2）喷氨混合器、导流板、整流器应完好。

（3）烟道内部、催化剂应清洁，无杂物。

（4）烟道应无腐蚀泄漏，膨胀节连接应牢固无破损，人孔门检查口关闭严密。

（5）压力、温度等热工仪表应完好投入。

（6）氨泄漏报警系统应检查正常。

17. 脱硝系统停运后的检查维护及注意事项是什么？

答：（1）对停运设备及喷氨管道进行吹扫、冲洗。

（2）定时检查脱硝系统中各箱罐、地坑中氨介质的液位。

（3）对催化剂进行检查，对催化剂试块进行测试。

（4）按要求进行转动设备维护工作。

（5）对反应器内和烟道内的积灰应进行真空吸尘清扫，催化剂人孔和孔内的积灰应清理干净。

（6）冬季停运应采用防冻措施。

（7）停运期间策划必要的系统设备消缺工作。

第六章　脱硝系统的测量和控制

第一节　烟气脱硝控制系统

1. 烟气脱硝反应系统采用何种控制方式?

答：烟气脱硝反应区DCS控制站作为单元机组DCS系统的子站，直接纳入单元机组DCS控制系统，就地通常不设操作员站，运行人员直接通过集控室中单元机组DCS操作员站完成对脱硝系统参数和设备的监控。

2. 还原剂制备及供应系统的控制采用何种方式?

答：还原剂制备及供应装置的控制系统以远程控制站的方式通过光缆纳入主体公用DCS系统/辅助车间集中监控系统，就地可设置临时调试站，正常运行时所有操作和显示均在主体公用DCS系统或辅助车间集中监控系统的操作员站完成。

3. 脱硝控制系统包括哪些功能?

答：脱硝控制系统主要具备3个功能：数据采集和处理、模拟量控制、顺序控制。

4. 脱硝控制系统数据采集和处理的基本功能有哪些?

答：脱硝控制系统数据采集和处理的基本功能包括：数据采集、数据处理、屏幕显示、参数越限报警、事件序列、事故追忆、性能与效率计算和经济分析、打印制表、屏幕拷贝、历史数据存储等。

5. 脱硝控制系统数据采集和处理的主要监测参数有哪些?

答：脱硝控制系统数据采集和处理的主要监测参数有：脱硝工艺系统的运行参数；电气系统的运行参数；辅机的运行状态和运行参数；关断阀的开关状态和调节阀的开度；仪表和控制用电源、气源及其他必要条件的供给状态和运行参数；必要的环境参数。

6. 脱硝控制系统的模拟量调节主要有哪些?

答：脱硝控制系统的模拟量调节主要包括：SCR反应器喷氨量调节；液氨蒸发器温度调节；氨气缓冲罐压力调节；水解器尿素溶液进料调节；水解器蒸汽量调节。

7. SCR 反应器喷氨量调节原理是什么?

答：SCR烟气脱硝系统利用固定的NH_3/NO_x摩尔比来提供所需要的氨气流量。SCR反应器入NO_x浓度乘以烟气量减去反应器出口NO_x浓度乘以烟气量得到的值即为需脱除的NO_x负荷信号，该信号乘以NH_3/NO_x摩尔比就是氨需量。此信号作为给定值送入控制器与实际氨气流量信号比较，由控制器经运算后发出调节信号控制SCR氨气流量调节阀的开度以调节氨气流量。由于烟气分析仪测量的滞后性、流量测量的不准确性以及锅炉变工况运行的复杂性等客观问题的存在，需要在控制回路中加入必要的前馈措施以加速PID调节的品质。

8. 脱硝控制系统的顺序控制层级包括哪些?

答：脱硝控制系统的顺序控制层级包括驱动级、子功能组级、功能组级。

9. 什么是顺序控制的驱动级?

答：驱动级作为自动控制的最低程度。驱动级控制包括所有电动机和执行机构等设备。驱动级的控制设计应满足：确保保护信号高于手动命令和自动命令的优先权；为了防止命令同时或重复出现，应能进行命令锁定以防止误操作；如果发生跳闸保护，在故障排除前不会合闸；提供给每个驱动控制模件较强的内外诊断功能；马达控制中心的马达控制接线中设计有低电压、电流速断等保护，提供的保护应确保驱动机构复原后未经确认不允许再次启动。

10. 什么是顺序控制的子功能组级?

答：子功能组级是把某一辅机及其附属设备或某一局部工艺系统作为一个整体的一类顺序控制，按工艺系统运行要求控制设备的自动启停。子功能组级控制应考虑启动条件，对程序中每一步需完成的动作进行监测。控制系统应在某一步发生故障时自动停止程序的运行，并将其故障的影响仅限制在该步程序之内，当故障消除后才能继续进行。

11. 什么是顺序控制的功能组级?

答：功能组级为整个烟气脱硝系统启停的自动控制，并对子组发出指令。在需要的地方，锅炉控制系统中已有的自动控制和连锁也必须匹配和扩展，这样可达到锅炉与烟气脱硝系统间的协调控制。功能组级控制应符合工艺操作流程以及整套烟气脱硝系统的启停要求，设置必要的断点，经过操作员少量的干预和确认某些信息，完成整套烟气脱硝系统的启动和停止。控制系统应在某一步发生故障时自动停止程序的运行，并将其故障的影响限制在该步程序之内，当故障消除后才能继续进行。

12. 脱硝控制系统的主要热工保护包括哪些?

答：脱硝控制系统的主要热工保护包括：SCR反应器跳闸逻辑；液氨蒸发器跳闸逻辑；卸氨系统跳闸逻辑；氨区喷淋保护逻辑；水解器泄漏保护；水解器紧急放空保护。

13. SCR 反应器跳闸逻辑是什么?

答：SCR反应器跳闸条件：SCR进口烟气温度高，"延时30s"or"SCR进口温度低"or"锅炉MFT"or"稀释风流量低"，"延时30s"or"氨空比例高"or"稀释风机均跳闸"。SCR反应器跳闸动作："关闭SCR喷氨关断阀"and"关闭SCR喷氨调节阀"。

14. 液氨蒸发器跳闸逻辑是什么?

答：液氨蒸发器跳闸条件："液氨蒸发器水温低"or"液氨蒸发器液氨液位高"or"液氨储罐消防喷淋系统启动"or"SCR反应器跳闸"。液氨蒸发器跳闸动作："关闭液氨蒸发器液氨入口关断阀"and"关闭液氨储罐出口关断阀"。

15. 卸氨系统跳闸逻辑是什么?

答：卸氨系统跳闸条件："卸料压缩机急停按钮"or"液氨储罐液位高"or"卸料压缩机消防喷淋系统启动"or"液氨储罐消防喷淋系统启动"or"液氨蒸发区消防喷淋系统启动"。卸氨系统跳闸动作："停止卸料压缩机"and"关闭卸料压缩机至液氨储罐进料阀"and"关闭液氨储罐至卸料压缩机出口阀"。

16. 氨区喷淋保护逻辑是什么?

答:(1)卸氨区喷淋系统保护条件:"卸氨区氨泄漏浓度高"or"卸氨区消防喷淋紧急启动按钮"。卸氨区喷淋系统保护动作:"打开卸氨区消防喷淋阀"and"联锁卸氨系统跳闸保护"。

(2)液氨储罐区喷淋系统保护条件:"液氨储罐氨泄漏浓度高"or"液氨储罐压力高"or"液氨储罐消防喷淋紧急启动按钮"。液氨储罐区喷淋系统保护动作:"打开液氨储罐消防喷淋阀"and"关闭液氨储罐液氨出口阀"and"连锁启动液氨蒸发器跳闸保护"and"连锁启动卸料系统跳闸保护"and"连锁启动液氨储罐降温喷淋保护"。

(3)液氨蒸发区消防喷淋系统保护条件:"液氨蒸发器氨泄漏浓度高"or"液氨蒸发器消防喷淋紧急启动按钮"。液氨蒸发区消防喷淋系统保护动作:"打开液氨蒸发区和氨气缓冲罐消防喷淋阀"and"连锁启动卸料区喷淋系统"。

(4)液氨储罐降温喷淋系统保护条件:"液氨储罐温度高"or"液氨储罐压力高"or"液氨储罐区消防喷淋紧急启动按钮"。液氨储罐降温喷淋系统保护动作:打开液氨储罐降温喷淋阀。

17. 水解器泄漏保护逻辑是什么?

答:"尿素水解反应器氨气出口压力低"and"水解反应器压力低"and"尿素管路压力低"and"水解器温度高"。

18. 水解器紧急放空保护逻辑是什么?

答:"水解反应器氨气出口压力高"and"水解反应器压力高"and"尿素管路压力高"。

19. 脱硝控制系统的主要报警项目包括哪些?

答:脱硝控制系统的主要报警项目包括:工艺系统参数偏离正常运行范围;保护动作及主要辅助设备故障;监控系统故障;电源、气源故障;辅助系统故障;电气设备故障;有毒有害气体泄漏。

20. 氨区隔爆控制盘的作用是什么?

答:在氨区设置就地卸氨操作盘,满足现场卸氨控制要求的同时,通过硬接线方式,完成较为完善的就地保护功能,以防止氨气泄漏、压力容器损坏、液氨进入氨气管道等故障出现。并通过硬接线同全厂消防系统连接，实现故障情况下的水喷淋启动。

21. 什么是分散控制系统？

答：分散控制系统是以大型工业生产过程及其相互关系日益复杂的控制对象为前提，从生产过程综合自动化的角度出发，按照系统工程中分解与协调的原则研制开发出来的，以微处理器为核心，结合了控制技术、通信技术和显示技术的控制系统。

22. 分散控制系统的典型结构是什么？

答：分散控制系统纵向分层、横向分散，系统中所有的设备分别处于4个不同的层次，自下而上分别是现场级、控制级、监控级和管理级。对应着4层结构，分别由4层计算机网络，即现场网络（Fnet，Field Network）、控制网络（Cnet，Control Network）、监控网络（Snet，Supervision Network）和管理网络（Mnet，Management Network）把相应的设备连接在一起。

23. 分散控制系统现场级包括哪些设备？

答：分散控制系统现场级设备一般位于被控生产过程的附近。典型的现场级设备是各类传感器、变送器和执行器，它们将生产过程中的各种物理量转换为电信号。

24. 分散控制系统控制级包括哪些设备？

答：分散控制系统控制级主要由过程控制站和数据采集站构成。一般在电厂中，把过程控制站和数据采集站集中安装在电子设备间中。过程控制站接收由现场设备，如传感器、变送器传来的信号，按照一定的控制策略计算出所需的控制量，并送回到现场的执行器中去。数据采集站与过程控制站类似，也接收由现场设备送来的信号，并对其进行一些必要的转换和处理之后，送到分散控制系统中的其他部分，主要是监控级设备中去。数据采集站接受大量的过程信息，并通过监控级设备传递给运行人员。

25. 分散控制系统监控级包括哪些设备？

答：分散控制系统监控级的主要设备由运行操作员站、工程师工作站和历史站等组成。

26. 分散控制系统有哪些特点?

答:分散控制系统通过计算机网络将分散在不同地方、执行不同功能的计算机连接起来,按照信息共享、分散控制、集中管理、总体配置、各司其职的原则,构成的高性能、高可靠性的计算机控制系统。分散控制系统安全、可靠且便于维护、扩展。

27. 过程控制站有什么特点?

答:过程控制站是分散控制系统中实现过程控制的重要设备。过程控制站一般是标准的机柜式结构。机柜顶部装有风扇组件,机柜内部设若干层模件安装单元,包括处理器模件、通信模件、I/O模件、电源模件等。机柜内还设有各种总线,如电源总线、接地总线、数据总线、地址总线、控制总线等。由I/O模件输入或输出的信号,经过机柜中的端子板与现场设备相连,通信模件与监控网络之间连接通过专用通信电缆实现。

28. 运行员操作站有什么特点?

答:运行员操作站是处理一切与运行操作有关的人机界面功能的网络节点,其主要功能是使运行人员可以通过操作站及时了解现场运行状态、各种运行参数的当前值、是否有异常情况发生等,并可通过输出设备对工艺过程进行控制和调节,以保证生产过程安全、可靠、高效。

29. 什么是工程师工作站?

答:工程师工作站是分散控制系统中用于系统设计的工作平台,它的主要功能是为系统设计工程师提供各种设计工具,使工程师利用它们来组合、调用分散控制系统的各种资源,将分散控制系统的各种设备组织起来以发挥分散控制系统的各项功能。

30. 什么是现场总线?

答:现场总线是用于过程自动化或制造自动化中、实现智能化现场设备(如变送器、执行器、控制器)与高层设备(如主机、网关、人机接口设备)之间互连的全数字、串行、双向的通信系统。

31. 现场总线控制系统有哪些特点?

答:现场总线具有以下特点:

（1）一根总线通信电缆可连接多台总线设备，从而减少了控制电缆数量，降低配线成本。

（2）由于采用数字传输方式，可以实现高精度的信息处理，提高控制质量。

（3）由于实现了多重通信，除了可以传送过程变量、控制变量外，还可以传送大量的现场设备管理信息。

（4）由于现场总线仪表具有互操作性，不同厂家的仪表可以自由组合，为用户提供了更广泛的选择余地。

（5）在控制室就可以对现场仪表进行调试、校验、诊断和维护。

第二节　烟气脱硝测量仪表

1. 烟气脱硝系统主要应用的仪表有哪些？

答：烟气脱硝工艺系统主要有五大类测量参数：压力、温度、液位、流量、烟气成分。相应地，烟气脱硝系统主要应用的仪表有：压力仪表、温度仪表、液位仪表、流量仪表、分析仪表等。

2. 烟气脱硝仪表选型应注意哪些问题？

答：烟气脱硝仪表选型应注意：

（1）同氨介质直接接触的仪表及阀门、垫片等配件必须选择合适的材质，严禁采用铜等材质。

（2）氨区、尿素水解区、SCR区调节阀组等有防爆要求的区域，仪表选型必须考虑相应的防爆等级。

（3）仪表安装方式应便于仪表在线拆装或检修。

3. 常用的压力测量仪表有哪些？

答：常用的压力测量仪表有：弹簧管压力表、膜盒压力表、隔膜压力表、氨用压力表、压力变送器等。

4. 弹簧管压力表工作原理是什么？

答：弹簧管压力表的敏感元件是截面为椭圆形的弹性C形管。在C形管承受压力时，C形自由端位移带动指针来指示压力，适用于测量不结晶、不凝固，对钢、铜合金没有腐蚀作用的液体、蒸汽和气体介质的压力。

5. 膜盒压力表工作原理是什么？

答：膜盒压力表的弹性敏感元件膜盒是由两块连接在一起的圆形波纹膜片组成的。当被测压力作用在膜盒内侧时，膜盒会产生变形，并通过联轴指针指示压力。膜盒压力表适用于测量无腐蚀性气体微压或负压。

6. 隔膜压力表工作原理是什么？

答：隔膜压力表的弹性敏感元件是带有波纹的圆形膜片，当膜片受压时一侧会产生微小形变，以带动联轴指针指示压力。隔膜压力表适用于测量腐蚀性、易结晶或黏稠性介质的压力。氨用压力表属于专用压力表，用于对含氨介质压力的测量。

7. 压力变送器工作原理是什么？

答：电容式变送器由检测部分和转换部分共同构成，其检测部分的核心是具有预张力的中心感压膜片和正、负压腔室。如果将变送器的负压腔室联通大气就可作为压力变送器，而将正负压腔室分别连至不同的压力源，就可以作为差压变送器使用。中心感压膜片作为电容的可动极板，与两侧固定的弧形极板形成不同电容器。在无差压时，中心感压膜片处于中心位置，与两侧固定极板的距离相等，这时两组电容值也相等。如果被测压力经导压管引至测量元件正、负压腔室的隔离膜片上，通过腔内所充液体作用到中心感压膜片两侧。当存在差压时，中心膜片发生位移，两组电容值发生改变，通过转换部分差动电路产生差动输出信号，该信号仅与中心膜片位移有关，与外加差压成正比。

8. 常用的温度测量仪表有哪些？

答：常用的温度测量仪表有：双金属温度计、热电阻、热电偶等。

9. 双金属温度计工作原理是什么？

答：双金属温度计的感温元件通常是由两种膨胀系数不同、彼此又牢固结合的技术制作成螺旋形的结构。绕成螺旋形的双金属感温元件一端固定，另一端连接指针轴。当被测物理温度变化时，两种金属由于膨胀系数不同，使螺旋管曲率变化，通过指针轴带动指针偏转，直接显示温度示值。适合测量中、低温的现场指示型仪表，通常采用可抽芯式万向型。

10. 热电阻工作原理是什么？

答：热电阻是利用电阻与温度呈一定函数关系的金属导体或半导体材料制成的感温元件。作为测温元件的电阻材料，要求电阻温度系数大、电阻率大、热容量小，在整个测温范围内具有稳定的化学物理性质，而且电阻和温度之间的关系复现性要好。铂热电阻化学物理性质稳定，复现性好，能测较高的温度，被广泛应用。铜热电阻与铂热电阻相比，铜电阻温度系数大，线性好，价格便宜，但测温范围较小。这两种热电阻都已经是国家标准产品。

11. 热电偶工作原理是什么？

答：热电偶的测量原理是两种不同导体A、B串接成一个闭合回路，若两个结合点处出现温差，则回路中就会有电流产生。这种因温差而产生热电势的现象称为热电效应。热电势在热电极材料一定的情况下，仅取决于冷热两段温度差，因此热电偶作为测温敏感元件，可用热电势作为测温信号。常用标准热电偶有铜—康铜（T）、镍铬—康铜（E）、镍铬—镍硅（K）、铁—康铜（J）、铂铑30—铂铑6（B）、铂铑10—铂（S）。

12. 常用的液位测量仪表有哪些？

答：常用的液位测量仪表有：磁翻板液位计、超声波液位计、雷达液位计等。

13. 磁翻板液位计工作原理是什么？

答：与容器相连的浮子室内装带磁钢的浮子，翻板指示标尺贴着浮子室壁安装。当液位上升或下降时，浮子也随之升降，翻板标尺中的翻板受到浮子内磁钢的吸引而翻转，翻转部分显示为红色，未翻转部分显示为绿色，红绿分界之处即表示液位所在。磁翻板液位计主要用作现场液位指示，一般为侧装式法兰连接。

14. 超声波液位计工作原理是什么？

答：超声波液位计利用声波碰到液面产生反射波的原理，测量发射波和反射波的时间差，从而计算出液面高度。时钟电路定时触发震荡输出电路，向发送器输出超声电脉冲，同时又触发计时器电路开始计时。当发送器发出的声波经液面反射回来，被接收器收到并变成电信号后，通过整形放大，去控制计时电路计时。计时电路测得的时差，经运算后得出探头与液面之间距离，即液位信号，并在指示器上显示。超声波液位计属于非接触测量方式，安装位置应避开落料口，波束角范围内避免与容器及其他能反射声波的构件接触。

15. 雷达液位计工作原理是什么？

答：雷达液位计是基于时间行程原理的测量仪表，雷达波以光速运行，经由天线向被测介质液面发射，当雷达波碰触到液面后反射回来，仪表检测出发射波及回波的时差，从而计算出液面高度。振荡器产生10GHz的高频振荡，经线性调制电压调制后，以等幅振动的型式、通过耦合器及定向通路，由喇叭天线向被测液面发射，经液面发射回来又被天线接收，回波通过定向通路器送入混频电路，混频器接收到发送波和回波信号后产生差频信号，经差频放大器放大后，经A/D转换后送到计算装置进行频谱分析，通过频差和时差计算出液位高度，并通过显示单元显示。相比于超声波液位计，雷达液位计具有更强的抗干扰能力，适用范围更广。

16. 常用的流量测量仪表有哪些？

答：常用的流量测量仪表有：节流孔板、均速管等差压式流量计，电磁流量计，涡街流量计，质量流量计等。

17. 差压流量计工作原理是什么？

答：差压流量计是一类应用最为广泛的流量计，其中，尤以标准节流装置的差压流量计最为普及。节流式差压流量计由节流装置、差压变送器组成。充满管道的流体，当它流经管道内的节流件时，流束将在节流件处形成局部收缩。此时流速增大，静压降低，在节流件前后产生差压，流量越大，差压越大，因而可根据差压来衡量流量的大小。这种测量方法是以质量守恒定律和能量守恒定律为基础的。差压的大小不仅与流量，还与其他许多因素有关，如节流装置型式、管道内流体的物理性质及流动状况等。其中，节流孔板流量计结构简单牢固，性能稳定，价格低廉，标准化程度很高，属于应用最普遍的一类流量计，但此类流量计需较长的直管段长度，压损较大；均速管流量计属于插入式流量计，尤其适用于大口径管道流量测量，压损小，直管段要求低。

18. 电磁流量计工作原理是什么？

答：电磁流量计的测量原理基于法拉第电磁感应定律，是一种测量导电性液体的流量计。特别适用于带有悬浮物、固体颗粒的浆液、废水等的测量，测量范围大，压损小，安装条件要求低。但不能用于测量气体、蒸汽、除盐水的流量。

19. 涡街流量计工作原理是什么？

答：涡街流量计是利用卡门涡街原理工作，在流体中设置旋涡发生体，从旋涡发生体两侧交替地产生有规则的旋涡，旋涡列在旋涡发生体下游非对称地排列，在发生体几何形状确定后和一定的雷诺数范围内，流体流速与单列旋涡的频率成正比，测出旋涡的频率就可知体积流量。涡街流量计由旋涡发生体和流体振动检测器组成，旋涡产生交替变化的升力通过检测器转换成交替变化的频率信号送给转换电路，经转换输出所需频率信号或标准电流信号。涡街流量计多用于单相洁净流体流量测量，适用于中、小口径管道，但对流场畸变、管道振动较敏感。

20. 科氏力质量流量计工作原理是什么？

答：科氏力质量流量计由两端固定的薄壁测量管，在中点处以测量管谐振或接近谐振的频率所激励，在管内流动的流体产生科里奥利力，使测量管中点前后两半段产生方向相反的挠曲，用光学或电磁学方法检测挠曲量，以求得质量流量。科氏力质量流量计根据测量管形状分为直管型和弯管型，具有很高的测量精度，不受流体特性、管道流场的影响，可以完成温度、密度等多参数测量，但测量管腐蚀磨损、结垢、浆液夹带的气泡等会严重影响测量精度。

21. 常用的阀门执行机构有哪些类型？

答：阀门执行机构按其所使用的能源形式，可以分为气动执行机构、电动执行机构和液动执行机构。在实际生产中，主要应用电动执行机构和气动执行机构。

22. 气动执行机构有什么特点？

答：气动执行机构有薄膜式和活塞式两种。其中，活塞式的特点是行程长，价格高。薄膜式具有结构简单、动作可靠、维修方便、价格便宜等优点。

23. 电动执行机构有什么特点？

答：电动执行机构具有动作灵敏、能源取用方便、适合远距离控制的优点。目前常用的电动执行机构均为智能一体化产品。

24. 阀位变送器的作用是什么？

答：阀位变送器的作用是将气动执行机构输出轴的转角线性地转换成电流信号，用以指示阀位，并实现系统的位置反馈。因此，阀位变送器应具有足够的线性度和线性范围，才能使执行机构输出轴紧跟调节器的输出信号。

第三节　烟气在线监测装置

1. 什么是烟气排放连续监测系统？

答：烟气排放连续监测系统是连续监测固定污染源颗粒物和（或）气态污染物排放浓度和排放量所需要的全部设备，简称CEMS。

2. 一套完整的 CEMS 包括哪些子系统？

答：一套完整的CEMS包括颗粒物监测子系统、气态污染物监测子系统、烟气参数测量子系统、数据采集、传输与处理子系统及气源、电源等辅助子系统。

3. 脱硝 CEMS 子系统各自有何功能？

答：颗粒物监测子系统对烟气中的粉尘浓度进行监测；气态污染物监测子系统监测烟气中的NO_x等污染物的浓度；烟气参数监测子系统监测烟气流量、温度、压力、氧含量等，根据烟气温度、压力得到标准状态下的干烟气量，通过实测氧含量将实测浓度换算到基准氧含量6%下的浓度；数据采集、传输与处理子系统控制CEMS系统的自动操作（如反吹、采样等），采集并处理数据，计算污染物排放量，显示和打印各种参数、图表，并通过数据传输系统传送至管理部门；气源、电源子系统为CEMS系统提供吹扫用压缩空气及相应电压等级的可靠电源。

4. 烟气 CEMS 系统可分为哪些类型？

答：CEMS通常按照对烟气的采样方式，可以分为抽取采样式CEMS和原位测量式CEMS。抽取采样式CEMS是目前应用广泛、技术成熟的一类CEMS，通过取样探头从烟囱或烟道中抽取有代表性的气体试样，再对样气进行预处理，然后将处理后的样气送给分析仪进行分析。抽取采样式CEMS又分为直接抽取法（又称完全抽取法）和稀释抽取法。原位测量式CEMS不改变烟气组分，在烟道环境下工作，省去了复杂的采样管路，也不需要设置分析机柜，但原位式CEMS需要把复杂的测量器件直接放在烟气中，会使精密元件处于高温和腐蚀环境中，与抽取式CEMS相比稳定性较差、运行费用高、不方便维护等。原位测量式CEMS有两种类型：点测量式和线测量式。

5. 抽取式 CEMS 有哪些特点？

答：抽取式CEMS分为直接抽取和稀释抽取两种型式。直接抽取CEMS又分为两种样气预处理方法：冷干法和热湿法。冷干法直接抽取CEMS对被测烟气过滤、除湿，成为洁净、干燥的烟气，并在干烟气状态下进行分析，属于干基测量。冷干法在国内应用广泛，80%以上采用抽取式冷干法。烟气未经过冷凝除湿处理，在湿烟气状态下进行分析，称为热湿法CEMS，属于湿基测量，测量结果需用烟气中的水分含量（湿度测量）将湿基下的烟气成分修正到干基状态下。热湿法CEMS的整个气体通道都必须保证被测烟气在烟气露点以上，防止酸和水蒸气的冷凝，不改变样气流的成分，主要用于烟气中含有易溶于水的成分浓度测量，如在脱硝系统下游氨逃逸量的测量。

稀释抽取CEMS在不需要对整个分析系统伴热的情况下，用稀释样气的方法保证稀释后的样气露点在最低环境温度以下，避免抽出的样气产生冷凝，属于湿基测量。恒定的稀释比通过选择不同规格的临界小孔或者调节稀释空气压力来获得。相比于直接抽取CEMS，抽取的烟气流量大为减少，发生探头过滤器堵塞的可能性降低，维护周期长。稀释抽取法需要采用CO_2分析仪对烟气污染物浓度进行修正。零气发生器提供清洁、干燥，不含任何被测组分的稀释空气。采用稀释抽取法的CEMS设备要比直接抽取CEMS更复杂。

GB 13223—2011规定烟气污染物排放浓度是在基于标准状态下干烟气的数值（即干基测量），采用直接抽取法比较方便，在国内应用广泛。

6. 烟气组分分析仪有哪些类型？各自有何特点？

答：气体分析仪由辐射光源、测量气室和测量电路构成。红外线/紫外线通过测量气室内的被测气体，然后测定通过气体后的红外线/紫外线辐射强度。在测量低组分浓度时，测量气室较长。红外分析仪要求气体干燥、清洁，对组分变化要求不严，是一个突出的优点。水分对紫外分析仪的干扰较小，可以忽略不计，常作为湿基测量的分析仪。无论紫外分析仪还是红外分析仪，均需对样品过滤除尘。非分散红外法由于其吸收的光谱最大，可以测量高浓度，而且能同时测量多种组分，适用范围广，目前应用比较多。

7. 烟气参数测量子系统有何特点？

答：CEMS监测数据的准确性与可靠性，不仅取决于污染物浓度在线分析系统的优良性能，也取决于烟气参数在线监测数据的准确性与可靠性。烟气温度、压力、流量、湿度的在线监测，通过烟气各参数测量计算出标况下的干烟气流量，用来准确计算烟气污染物排放的实时质量浓度及排放总量。烟气含氧量或二氧化碳含量的在线监测，用于将测得的污染物浓度折算成国家规定的过量空气系数下的排放浓度。

烟气温度通常采用铠装热电阻或铠装热电偶测得，烟气压力采用智能压力变送器测量，都是常用工业测量方法。热电阻（偶）及压力变送器相关部件均采用防腐材料。烟气含氧量的测量比较成熟，燃煤电厂烟气测量常选用氧化锆及电化学式氧分析仪。在抽取式CEMS中，对烟气含氧量的检测通常采用直插式氧化锆分析仪测量湿氧，或在多组分分析仪中增加电化学或顺磁测量模块测量干氧。

8. 烟气流量测量有哪些方式？

答：常用的烟气流量计主要有皮托管流量计、热式质量流量计、全截面自清灰矩阵流量计。皮托管流量计属于点测量方式，结构简单，压损小，价格较便宜，可以用于干/湿烟气的测量，但测量精度不高，测量孔易被烟尘堵塞，湿烟气中更易被堵塞，需采取反吹和防腐蚀措施。热式质量流量计利用烟气流过外热源加热的检测件时产生的温度场变化来测量烟气流量。考虑到烟道或烟囱截面较大，烟气流速分布不均匀，通常采用多点插入式（径向型）热式流量计。为了提高测量精度，可以在一个烟道断面上安装多根测杆，按照速度面积法测量烟气流量。全截面自清灰矩阵流量测量装置适用于风道截面大，流速在截面上分布不均匀，直管段短，含尘的风量测量，设有自清灰装置，不需要外加吹扫装置，解决了含尘气流风量测量装置的取压管堵塞问题；直管段要求较短，一般情况，直管段长度不小于管道的当量直径即可；但安装、拆卸、维护不方便。

9. 氨逃逸分析仪有哪些类型？

答：目前主流的氨逃逸分析仪主要为原位对穿式、原位测量式、近位测量式。

10. 原位对穿式氨逃逸分析仪有哪些特点？

答：原位对穿式氨逃逸分析仪发射与接收单元通常设计成探头的结构，直接安装在SCR出口烟道的一侧或两侧，激光通过发射端窗口进入烟道，接收探头通过光电检测器接收被吸收后的激光信号，并转化为电信号，通过电缆输出到中央处理器，并进行信号处理。在电厂实际运行中存在烟气高含尘导致激光光程较短，灵敏度较低；烟道振动及热膨胀导致烟道变形，使发射端接收端对光不准，影响测量准确度等问题。

11. 近位抽取式氨逃逸分析仪有哪些特点？

答：近位抽取式氨逃逸分析仪分析原理与原位式相同，主要区别是对原烟气进行了前期预处理，在采样泵的作用下，烟气通过高温探头过滤掉大量粉尘颗粒，再经恒温伴热管将烟气运输到样气分析室，在分析室前设置二次过滤和标气验证阀，便于验证数据准确性。整个烟气采样通路采用高温伴热，避免水汽冷凝污染管路一级铵盐结晶堵塞管路。在高温环境下，分析室内的烟气样品利用激光法测量氨含量。抽取式分析仪受烟尘影响小，使用寿命长，标定方便。

12. 原位取样氨逃逸分析仪有哪些特点？

答：结合原位测量（温度有保证、具有代表性、实时在线等）和取样测量（粉尘浓度低、光路稳定、光强大、信噪比高、测量下限低、灵敏度高等）的优势，采用原位+取样的方式进行测量，即将测量腔安装在烟道内部，同时通过在烟道截面方向均匀取样，这样即可以保证温度与烟气温度一致，不改变烟气成分，而且还可以避免灰尘的影响，降低测量下限和提高灵敏度，实现实时在线测量，以及在线标定。

13. CEMS 监测站房有何要求？

答：监测站房与采样点之间距离应尽可能近，基础荷载强度和站房面积、空间高度应满足规范要求，站房内安装空调和采暖设备，室内温度、湿度合适，空调具有来电自动启动功能，站房内应安装排风扇或其他通风设施。监测站房内配电功率能满足仪表实际要求，预留三孔插座、稳压电源、UPS电源。站房内应配备不同浓度的有证标准气体，且在有效期内。监测站房应有必要的防水、防潮、隔热、保温措施，应具有能够满足CEMS数据传输要求的通信条件。

14. CEMS 测点安装位置有何要求？

答：CEMS测点位置优先选择垂直段和烟道负压区域，确保所采集样品的代表性。测点位置应避开烟道弯头和断面急剧变化的部位。对于圆形烟道，颗粒物CEMS和流速CMS，应设置在距弯头、阀门、变径管下游方向不小于4倍烟道直径，以及距上述部件上游方向不小于2倍烟道直径处；气态污染物CEMS，应设置在距弯头、阀门、变径管下游方向不小于2倍烟道直径，以及距上述部件上游方向不小于0.5倍烟道直径处。对于矩形烟道，应以当量直径计算。对于新建排放源，采样平台与排气装置同步设计、同步建设，确保采样断面满足上述要求；对于现有排放源，当无法满足上述采样位置时，应尽可能选择在气流稳定的断面安装CEMS采样或分析探头，并采取相应措施保证监测断面烟气分布相对均匀，断面无紊流。为了便于颗粒物和流速参比方法的校验和比对监测，CEMS不宜安装在烟道内烟气流速小于5m/s的位置。

15. CEMS 日常运行管理有何要求？

答：CEMS运维单位应根据CEMS使用说明书和仪器运行管理规

程，确定系统运行操作人员和管理维护人员的工作职责。运维人员应当熟练掌握烟气排放连续监测仪器设备的原理、使用方法和维护方法。CEMS运维单位应根据相关标准和仪器使用说明中的相关要求制定巡检规程，并严格按照规程开展日常巡检工作，同时做好记录。日常巡检记录应包括检查项目、检查日期、被检项目的运行状态等内容，每次巡检应记录并归档。CEMS日常巡检时间间隔不超过7天。根据CEMS说明书的要求对CEMS系统保养内容、保养周期或耗材更换周期等做出明确规定，每次保养情况应记录并归档。每次进行备件或材料更换时，更换的备件或材料的名称、规格、数量应记录并归档。如更换有证标准物质或标准样品，还需记录新标准物质或标准样品的来源、有效期和浓度等信息。对日常巡检或维护保养中发现的故障或问题，系统管理维护人员应及时处理并记录。

16. CEMS 定期校准工作包括哪些内容？

答：CEMS运行过程中的定期校准是质量保证中的一项重要工作，定期校验应做到：

（1）具有自动校准功能的颗粒物CEMS和气态污染物CEMS每24h至少自动校准一次仪器零点和量程，同时测试并记录零点漂移和量程漂移。

（2）无自动校准功能的颗粒物CEMS每15天至少校准一次仪器的零点和量程，同时测试并记录零点漂移和量程漂移。

（3）无自动校准功能的直接测量法气态污染物CEMS每7天至少校准一次仪器的零点和量程，同时测试并记录零点漂移和量程漂移。

（4）无自动校准功能的抽取法气态污染物CEMS每15天至少校准一次仪器的零点和量程，同时测试并记录零点漂移和量程漂移。

（5）抽取式气态污染物CEMS每3个月至少进行一次全系统的校准，要求零气和标准气体从监测站房发出，经采样探头末端与样品气体通过的路径一致，进行零点和量程的漂移、示值误差和系统响应时间的检测。

（6）具有自动校准功能的流速CMS每24h至少进行一次零点校准，无自动校准功能的流速CMS每30天至少进行一次零点校准。

17. CEMS 定期维护工作包括哪些内容？

答：CEMS运行过程中的定期维护是日常巡检的一项重要工作，定期维护应做到：

（1）污染源停运到开始生产前应及时到现场清洁光学镜面。

（2）定期清洗隔离烟气与光学探头的玻璃视窗，检查仪器光路的准直情况；定期对清吹空气保护装置进行维护，检查空气压缩机或鼓风机、软管、过滤器等部件。

（3）定期检查气态污染物CEMS的过滤器、采样探头和管路的结灰和冷凝水情况、气体冷却部件、转换器、泵膜老化状态。

（4）定期检查流速探头的积灰和腐蚀情况、反吹泵和管路的工作状态。

18. CEMS 定期校验工作包括哪些内容？

答：CEMS投入使用后，燃料、除尘效率的变化、水分的影响、安装点的振动都会对测量结果的准确性产生影响。定期校验应做到：有自动校准功能的测试单元每6个月至少做一次校验，没有自动校准功能的测试单元每3个月至少做一次校验；校验用参比方法和CEMS同时段数据进行比对。

第七章 液氨的安全管理

第一节 设计要求与系统配置

1. 简述氨的物理特性有哪些？

答：氨气是无色、有刺激性、恶臭气体，危险品中属有毒气体，其分子式为NH_3。在标准状态下，其密度为$0.771kg/m^3$，常压下的沸点为-33.41℃，临界温度为132.5℃，燃点为651℃。氨挥发性大且易溶于水，在20℃水中的溶解度为34%。氨气与空气（15.7%～27.4%）混合能形成爆炸性气体，遇明火、高热会引起燃烧爆炸。

2. 简述氨的化学特性有哪些？

答：（1）可燃性。氨在常温常压下是气体，虽然在空气中难以燃烧，但在空气中持续接触火源，会发出绿色的火焰，燃烧后生成氮气和水。

（2）爆炸性。氨按一定的比例与空气或氧气混合，遇火源会引起爆炸。另外，液氨与氟、氯、溴、碘、强酸接触，会产生剧烈反应而爆炸、飞溅。

（3）腐蚀性。对铜、铜合金等有强烈的腐蚀性，故氨系统中不宜使用铜零部件。

3. 简述液氨的危害是什么？

答：（1）对人体的伤害：

1）氨对呼吸系统的伤害。氨是敏感性气体，很低的浓度即可被察觉，通常浓度在$3.8～7.7mg/m^3$（5～10ppm）即可闻到臭味，对嗅觉产生影响，出现鼻炎、咽炎、气管及支气管炎等症状。高浓度氨可引起反射性呼吸停止，可造成组织溶解性坏死，患者会出现喉头水肿、声门狭窄、呼吸道黏膜细胞脱落、气道阻塞窒息、中毒性肺水肿等症状，严重时会导致死亡。其短时间接触容许浓度为$30mg/m^3$（40ppm），半致死浓度为$1390mg/m^3$（1851ppm），即刻致死浓度为

$3500mg/m^3$（4658ppm）。

2）微量的氨进入眼睛，会产生刺激流泪。高浓度的氨进入眼睛时，会侵害眼睛内部，导致晶体浑浊、角膜穿孔，使视力减退，甚至失明。

3）如持续吸入微量氨气，会引起食欲减退，并对胃有损害。

4）液氨如直接接触皮肤，会引起冻伤、灼伤等症状。

5）接触大量氨后还会造成肝损伤，危及生命。

6）微量的氨接触到伤口，会产生剧痛。

（2）氨遇明火、高热会引起火灾、爆炸等事故。

4. 描述液氨大量泄漏后的现象是什么？

答：液氨大量泄漏后与空气混合形成密度比空气大的蒸汽云，在地表滞留，加压液氨气化时体积会膨胀850倍，并大量吸热，使周围物质的温度急剧下降。

5. 液氨泄漏后，使用什么介质稀释、吸收液氨最有效？为什么？

答：液氨泄漏后，使用水进行稀释、吸收最有效。因为氨极易溶于水，常温常压下1体积水可溶解700倍体积氨（氨水饱和浓度34%）。

6. 液氨罐区与相邻工厂或设施的防火间距有何要求？

答：氨区储罐区外壁距离相邻工厂或设施的防火间距应符合以下要求：

（1）距离居民区、公共福利设施、村庄不应小于150m。

（2）距离工厂（围墙或用地边界线）不应小于120m。

（3）距离国家铁路中心线和铁路编组站不应小于55m，距离厂外企业铁路中心线不应小于45m。

（4）距离厂外一级及以上公路路边不应小于35m，距离其他公路不应小于25m。

（5）距离变电站围墙不应小于80m。

（6）距离架空电力线路中心线不应小于1.5倍塔杆高度，距离Ⅰ、Ⅱ国家架空通信线路中心线不应小于50m。

（7）距离通航江、河、海岸边不应小于25m。

7. 液氨罐区应布置在厂区全年最小频率风向哪一侧？为什么？

答：液氨罐区应布置在厂区全年最小频率风向的上风侧。因为，

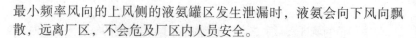

最小频率风向的上风侧的液氨罐区发生泄漏时，液氨会向下风向飘散，远离厂区，不会危及厂区内人员安全。

8. 液氨罐区对消防喷淋系统有何要求？

答：液氨罐区应设置用于消防灭火和液氨泄漏稀释吸收的消防喷淋系统，能覆盖储罐区、卸料区、氨气制备区所有氨管道、法兰、阀门、仪表、槽车停放位置。消防喷淋系统应综合考虑氨泄漏后的稀释用水量，并满足消防喷淋强度要求，宜不小于9L/（$m^2 \cdot min$），其喷淋管按环型布置，喷头应采用实心锥型开式喷嘴。消防喷淋系统不能满足稀释用水量的，应在可能出现泄漏点较为集中的区域增设稀释喷淋管道。寒冷地区的消防系统管道、阀门及消火栓应采取可靠的防冻措施，可采用开式系统并设置排空阀；冬季寒冷地区应根据当地气温情况对消防水地上管道进行放水，必要时地下管道亦应采取伴热，以保证消防水随时可用。氨区消防喷淋系统宜每月试喷一次（冬季可根据情况执行），试喷时采用氨气触发就地氨气泄漏检测器连动、DCS画面发指令触发两种方式分别进行。

9. 液氨储罐组的消防喷淋系统水流量有何要求？

答：液氨储罐本体一般情况下最大开孔孔径为80mm。按DN80管道5mm法兰间隙半周泄漏计算，20℃情况下液氨的最大泄漏速度为0.93t/min。氨水饱和浓度为34%，完全吸收情况下所需水流量约为2m^3/min。按吸收效率为50%计算，消防喷淋吸收水流量应不小于4m^3/min。根据储罐容积大小、喷嘴的布置及吸收效率，各液氨储罐组的消防喷淋系统总流量应不小于表7-1中。按消防喷淋给水强度及面积计算的消防喷淋水流量小于表7-1数值时，宜针对液氨储罐顶部、法兰及阀门等泄漏点较为集中的区域增设一套喷淋管道。

表7-1 液氨储罐消防喷淋水量选择表

液氨储罐公称容积V（m^3）	$V \leq 50$	$50 < V < 120$	$V \geq 120$
储罐组消防喷淋水流量（m^3/min）	2	3	4

10. 液氨罐区对消防水炮有何要求？

答：液氨罐区宜设置消防水炮，消防水炮采用直流/喷雾两用，能够上下、左右调节，位置和数量以覆盖可能泄漏点确定。消防水炮数量宜不少于"储罐数+1"，每个消防水炮给水强度宜不小于5L/s，消防水炮处宜设置操作平台。布置方式宜采取以下方式：未布置蒸发区的一侧，在储罐之间的轴向延长线方向的围墙上设置；轴向布置蒸发区的一侧，在储罐与蒸发区分界线延长方向的围墙上设置。

11. 液氨罐区的消防喷淋水水源有何要求？

答：氨区消防管道应设置为环状管道，保证氨区消防系统供水稳定性，当某个环段发生事故时，独立的消防给水管道的其余环段应能满足100%的消防用水量的要求。消防喷淋水宜取自高压消防水系统，室外消火栓用水宜取自低压消防水系统。当电厂消防水系统为共用一套管路时，消防喷淋系统与室外消火栓用水应分别从全厂消防水母管接入，且其分支母管均应设置为带有隔离阀门分段的环型管路。

12. 液氨罐区对灭火器有何要求？

答：按照《建筑灭火器配置设计规范》（GB 50140—2005）规定，氨区火灾为B类火灾严重危险级，氨区每个灭火器设置点的灭火器数量为2～5个，灭火器级别按以下计算公式确定：

$$Q=0.3 \times S/0.5=0.6 \times S$$
$$Q_e=Q/N=0.6 \times S/N$$

式中　　S——储罐区面积；

Q——计算单元的最小需配灭火级别（B）；

Q_e——氨区每个灭火器设置点的最小需配灭火级别（B）；

N——氨区灭火器设置点个数（根据实际确定）。

灭火器宜放置于灭火器箱内，灭火器箱上方宜悬挂灭火器标志牌；灭火器箱前面部宜有灭火器箱、火警电话、固定电话号码、编号字样。灭火器处宜设置灭火器使用说明标示牌。灭火器处宜标注禁止阻塞线，灭火器宜每月检查有效期、压力。

13. 液氨接卸系统有何要求？

答：（1）接卸应采用金属万向管道充装系统，禁止使用软管接卸；万向充装系统应使用具有防泄漏功能的干式快速接头，否则应在万向充装系统靠近卸车操作阀的位置增设止回阀。

（2）液氨卸料区设置在氨区围墙内的，液氨万向充装系统周围应设置防撞桩；卸料区设于氨区围墙外的，应在万向充装系统周围设置保护围栏和防撞桩。防撞桩应牢固嵌入地面，禁止仅使用螺栓固定，防撞桩上应有醒目的防撞标识；万向充装系统两端均应可靠接地。

（3）液氨卸料区宜设置用于槽车接地的端子箱，端子箱应布置在装卸作业区的最小频率风向的下风侧，并配置专用接地线。

（4）卸料压缩机应采用氨气专用压缩机，压缩机入口前应设置气液分离器；为减少因为液氨带来的杂质，宜在卸氨臂处增加滤网，滤网差压大于0.03MPa时应进行清理。

14. 卸料压缩机入口前为什么必须设置气液分离器？

答：卸料压缩机入口前必须设置气液分离器，以防止管道内冷凝液带入压缩机，影响液氨品质。

15. 为什么万向充装系统两端均应可靠接地？

答：由于万向充装系统管径一般小于液氨储罐进料管且弯管较多，万向充装系统管道内介质流速较高，易产生静电积聚，故强调万向充装系统两端均应可靠接地。

16. 与液氨储罐直接连接的法兰、阀门、液位计、仪表等为什么要在储罐顶部及一侧集中布置？

答：与液氨储罐直接连接的法兰、阀门、液位计、仪表等相对集中布置，有利于在局部加强喷淋消防的强度，在发生接口泄漏的情况下提高喷淋吸收稀释的效果。

17. 液氨储罐区防火堤应满足哪些要求？

答：《石油化工企业设计防火规范》（GB 50160—2008）中规定，防火堤内有效容积不小于一台最大储罐的容量，且液化烃储罐组宜设不高于0.6m的防火堤。《建筑设计防火规范》（GB 50016—2014）中4.2.5条规定，甲、乙、丙类液体储罐组防火堤的设计高度应比计算高度高出0.2m，且其高度应为1.0~2.2m。考虑液氨泄漏时会有大量消防喷淋水流入，防火堤的容量应适当增大，故明确防火堤的高度为1m，且液氨储罐至防火堤内侧基脚线的水平距离应不小于3m，并在不同方位上设置不少于2处越堤人行踏步或坡道。

18. 液氨储罐至防火堤内侧基脚线的水平距离应不小于多少?

答:液氨储罐至防火堤内侧基脚线的水平距离应不小于3m。

19. 液氨蒸发区的围堰高度应为多少?

答:液氨蒸发区的围堰高度应为0.6m。

20. 简述液氨罐区防止静电措施有哪些?

答:液氨罐区及输氨管道法兰、阀门连接处均应装设金属跨接线,跨接线宜采用4×25mm镀锌扁钢,或不小于ϕ8的镀锌圆钢。跨接线与法兰端面应接触良好,无松动、锈蚀现象。采用金属夹充当跨接线的,金属夹与法兰端面接触处应打磨干净,确保导电性能可靠。液氨储罐以及氨管道系统应可靠接地。人员进入氨区前、上储罐爬梯前应先释放静电。

21. 液氨罐区对人体静电释放装置有何要求?

答:液氨罐区大门入口处应装设静电释放装置,静电释放装置地面以上部分高度宜为1.0m,底座应与液氨罐区接地网干线可靠连接。静电释放装置宜采用不锈钢管配空心球型式或半导体电子报警型式。液氨罐体扶梯入口处最好同样设置静电释放装置。

22. 液氨罐区对洗眼器有何要求?

答:液氨罐区应设置洗眼器,水源宜采用生活水,防护半径不宜大于15m,能覆盖储罐区、卸液氨罐区、氨气制备区。洗眼器应定期放水冲洗管路,保证水质,并做好防冻措施;洗眼器水压宜在0.2~0.4MPa,洗眼喷头出水量在12L/min左右,两只喷头喷出水柱高度应一致;洗眼器处宜设明显的标识;洗眼器处宜设置使用说明。

23. 液氨罐区对风向标有何要求?

答:液氨罐区应设置风向标,为人员指明风向,便于氨泄漏事故情况下人员向上风位置撤离。风向标数量宜不少于4个,宜在液氨罐区最高处呈对角布置,且处于避雷设施的保护范围内。若氨区周边有建筑物,导致氨区处于旋流方向、多个风向标指示风向不一致时,宜通过烟囱烟气流向来判断逃生方向。

24. 液氨罐区哪些位置应该安装氨泄漏检测仪？安装高度如何确定？

答：以下区域宜安装氨泄漏检测仪：每个储罐上部（靠阀门、表计集中处），储罐底部阀门密集处，蒸发区，卸料压缩机处，万向充装系统接头处。

安装高度确定：根据《石油化工可燃气体和有毒气体检测报警设计规范》（GB 50493—2009）要求，氨泄漏检测仪表安装应高出易泄漏部位0.5～2m。

25. 简述液氨储罐基础变形观测点有何要求？

答：液氨储罐必须设置基础变形观测点。在液氨储罐充水预（试）压和投产使用期间，应对储罐基础的地基变形进行观测，防止储罐整体结构及与其相连的管道、法兰等因基础沉降而受到影响导致强度降低或破裂。储罐基础施工完工后、储罐充水前、充水过程中、充满水稳压阶段、放水过程中、放水后应进行观测；储罐安装完第一年观测3～4次，第二年观测2～3次，第三年及以后每年观测1次，直至稳定为止；观测记录应规范存档。

26. 简述液氨罐区表计安全管理有何要求？

答：依据《火力发电厂热工自动化系统可靠性评估技术导则》（DL/T 261—2012）中4.2.2条，将氨区表计分为A、B两类。

（1）A类表计：该类表计故障时，对氨区系统、设备安全运行构成严重威胁，可能导致运行中断、保护失去等问题。包括：

1）液氨储罐压力、温度、液位远传仪表、连锁保护开关。

2）缓冲槽压力、温度远传仪表。

3）蒸发槽压力、温度远传仪表、连锁保护开关。

4）仪用压缩空气压力远传仪表。

5）消防水、工业水系统远传仪表。

（2）B类表计：该类表计故障时，短时间不会对系统安全运行产生影响。包括：

1）储罐区及蒸发区压力、温度、液位就地显示表计。

2）卸料区压力、温度变送器及就地显示表计及保护开关。

3）压缩空气系统就地显示表计。

4）消防水、工业水系统压力就地显示表计，废水系统压力、液位变送器及就地显示表计。

5）稀释槽液位、温度表计。

6）废水系统液位、压力表计。

A类表计故障时，应及时解除相应连锁保护，采用就地表计监视，联系维护人员处理，必要时切换设备运行方式。与液氨储罐直接连接的液位计、仪表等应在储罐顶部及一侧集中布置，且均应处于防火堤内。就地压力、温度、液位仪表上应标注极限值和量程色环。

27. 液氨罐区对视频监控有何要求？

答：液氨罐区应设置能覆盖生产区的视频监视系统，视频监视系统应传输到本单位控制室（或值班室）。

28. 液氨罐区对事故报警系统有何要求？

答：液氨罐区应设置事故报警系统，一旦发生紧急情况，运行人员经现场确认后能立即启动事故语音警报系统，并通知应急处置人员，同时通知液氨罐区周边相关人员及时撤离。

29. 液氨罐区对安全出口有何要求？

答：液氨罐区应设置两个及以上对角或对向布置的安全出口，安全出口门应向外开，以便危险情况下人员安全疏散。安全出口门宜采用阻燃实体门，内侧悬挂"安全通道"标识牌，安全出口门宜能自动关闭，且不上锁，从内部设置门栓，门栓处设置"从此打开"提示牌。

30. 液氨罐区控制室和配电间出入口设置有何要求？为什么？

答：装置控制室、配电间等不宜在朝向设备的一侧开门。由于液氨泄漏后与空气混合形成密度比空气大的蒸汽云，为避免人员穿越"氨云"，氨区控制室和配电间出入口门不得朝向装置区。

31. 液氨罐区对氨气泄漏检测装置有何要求？

答：液氨罐区应设置覆盖生产区的氨气泄漏检测装置，氨气泄漏检测装置应具有远传、就地报警功能，氨气泄漏检测装置应定期检验。据《石油化工可燃气体和有毒气体检测报警设计规范》（GB 50493—2009），可燃气体和有毒气体的检测系统，应采用两级报警，一级报警为常规报警，设定值为50%PC-STEL（短时间接触允许浓度），即15mg/m³（20ppm），二级报警作为启动水喷淋连锁信号，设定值小于等于100%PC-STEL（短时间接触允许浓度）即30mg/m³（40ppm）。

32. 简述液氨罐区对阀门、仪表、管道、法兰的材质有何要求？

答：阀门应采用不锈钢材质，仪表应采用氨专用仪表，密封垫片应采用不锈钢缠绕石墨或聚四氟乙烯垫片，螺栓螺母应采用35crMO或不锈钢。最低设计温度＞-20℃时，管道应采用20号钢或不锈钢，法兰应采用20号钢或不锈钢带颈对焊突面法兰；最低设计温度≤-20℃时，管道应采用不锈钢，法兰应采用不锈钢带颈对焊突面法兰。液氨系统的管道设计压力宜不低于2.16MPa，设计温度宜不低于50℃，最低设计温度应根据当地最寒冷月份最低气温平均值确定。与液氨储罐本体连接的第一道阀门、法兰及附件宜按公称压力4.0MPa选用，其他阀门、法兰及附件的公称压力宜不小于2.5MPa。

33. 简述液氨罐区对电气设备的防爆有何要求？

答：液氨罐区电气设备应满足《爆炸危险环境电力装置设计规范》（GB 50058—2014），符合防爆要求。液氨罐区气动阀门应采用故障安全型执行机构，所有电气设备、远传仪表、执行机构、热控盘柜等均应选用相应等级的防爆设备，防爆结构选用隔爆型（Ex-d），防爆等级不低于ⅡAT1。

34. 液氨罐区哪些设备应为防爆型？

答：液氨罐区以下设备应为防爆型：卸料压缩机电机、废水泵电机、阀门执行机构、照明灯具、伴热带、空调、电话、对讲机、远传仪表、控制开关及按钮、热控盘柜、应急指示灯、应急照明灯、摄像头、接线盒、事故语音警报系统等。

35. 简述液氨储罐防止高温措施有哪些？

答：（1）储罐区宜设置遮阳棚等防晒措施。

（2）每个储罐应单独设置用于罐体表面温度冷却的降温喷淋系统，喷淋强度根据当地环境温度、储罐布置、装载系数和液氨压力等因素确定，宜不小于4.5L/（m²·min）。

（3）液氨储罐应设置超温保护装置，超过设定值时针对启动降温喷淋系统，一般超温设定值不高于40℃。

36. 液氨储罐应设置哪些安全自动装置?

答：液氨储罐氨进出口阀门应具有远程快关功能。液氨储罐应设置超温、超压、超液位保护装置，温度和压力超过设定值时启动降温喷淋系统，一般超温设定值不大于40℃，超压设定值不大于1.6MPa，储罐储存系数不大于0.85；储罐压力和液位超过设定值时切断进料。同时，还应设置液氨泄漏检测超过设定值时启动消防喷淋系统，连锁启动值一般不大于30mg/m^3（39ppm）。液氨储罐安全自动装置应投入运行，严禁随意解除连锁和保护。确需解除的，应严格遵守规定，履行相关手续。

37. 简述液氨罐区防雷如何设置?

答：液氨罐区设计时应对液氨罐区防雷设施保护范围进行核算，附近高大建筑物防雷设施的保护范围不能覆盖液氨罐区时，应对液氨罐区单独设置防雷系统。防雷系统接地线宜是可见接地点，每年进行电气预防性试验；防雷设施应每年委托有资质的单位进行检验。

38. 液氨罐区产生的废水如何处理?

答：液氨罐区废水必须经过处理达到国家环保标准，严禁采取排入雨水系统等直接对外排放方式，宜配置2台废水泵，单台出力应不小于50m^3/h，宜将废水输送至电厂废水处理中心。

39. 液氨罐区对职业危害告知牌有何要求?

答：液氨罐区入口应设置明显的职业危害告知牌，职业危害告知牌应注明氨物理和化学特性、危害防护、处置措施、报警电话等内容。

40. 液氨罐区对安全标志有何要求?

答：（1）氨区外应悬挂以下禁止标志牌：禁止烟火、禁止带火种、禁止穿钉鞋、禁止使用无线通信。

（2）氨区外应悬挂以下警告标志牌：当心中毒、当心爆炸。

（3）氨区外应悬挂以下指令标志牌：必须戴安全帽、注意佩戴防护手套。

（4）氨区内、外以下区域应设置"从此上下"标志牌：消防水炮爬梯、液氨储罐爬梯处。

（5）氨区大门及逃生门内侧悬挂"安全通道"提示标志牌。

（6）逃生门门栓处设置"从此打开"提示标志牌。

（7）氨区外应设置准入提示标志牌。

（8）地线接地端应有接地标示。

（9）槽车行驶路线上应设置限速标志牌（限速值遵循所在电厂规定）。

41. 液氨罐区对安全警示线有何要求？

答：（1）防止踏空线：消防水炮楼梯、防火堤台阶、液氨储罐楼梯第一级台阶上应标注"防止踏空线"。

（2）防止碰头线：储罐顶部、储罐爬梯、防火堤台阶、0m地面人行通道处高度不足1.8m的管道、构件等障碍物上应标注"防止碰头线"。

（3）防止绊跤线：储罐顶部、储罐爬梯、防火堤台阶、0m地面人行通道处地面上高差300mm的管线或其他障碍物上应标注"防止绊跤线"。

（4）安全警戒线：废水泵周围、卸料压缩机、配电间配电柜前后应标注"安全警戒线"。

（5）禁止阻塞线：废水坑盖板上、灭火器存放处应标注"禁止阻塞线"。

42. 液氨罐区对设备及安全工器具标志有何要求？

答：（1）氨区设备、阀门标志牌应齐全、规范。

（2）废水泵、卸料压缩机转动设备转动方向标志规范。

（3）液氨储罐罐体表面色为银色或黄色。

（4）管道着色及介质流向：

1）万向充装系统、氨管道表面色为黄色；色环为大红。

2）消防水管道表面色为红色，无色环。

3）工业水管道表面色为黑色，无色环。

43. 液氨罐区对安全设施标准中的安全防护有何要求？

答：（1）氨区配电间应设置高度不小于400mm的防小动物板，防小动物板应采用不产生火花的材料制作，上部应刷"防止绊跤线"标示。

（2）卸料压缩机皮带轮防护罩、废水泵对轮防护罩边缘距转机固定部分大于5mm，小于8mm；若为网格防护罩，其规格为：菱形网格孔的边长不大于20mm，圆孔网格的直径不大于20mm。防护罩应为红色，并设置白色转向指示箭头。

（3）储罐、蒸发槽、缓冲罐顶部平台应设置有不低于1.2m的防护围栏，防护围栏下方设置挡脚板。

44. 液氨罐区对安全设施标准中的目视管理有何要求？

答：（1）氨区外应设置重大危险源标识牌。

（2）氨区外墙上应有"氨区重地30m内严禁烟火"标示。

（3）氨区外墙上宜悬挂液氨泄漏应急处置方案。

（4）距离氨区80m、30m处宜设置距离提示牌。

（5）氨区外宜设置逃生方向提示牌。

（6）氨区外宜设置禁止堆放易燃易爆物品警示牌。

（7）氨区外道路边宜设置消防指示频闪灯。

45. 液氨罐区是否为重大危险源？如何管控？

答：根据《重大危险源辨识》（GB 18218—2009），氨储量≥10t时，即视为重大危险源。即发电企业的液氨罐区内氨储量均大于10t时，为重大危险源。液氨罐区重大危险源应依法开展辨识、评估、登记建档、备案、核销及管理工作。

（1）对照《危险化学品重大危险源辨识》（GB 18218—2018），开展辨识。

（2）委托具有相应资质的安全评价机构进行安全评估，出具有效危险化学品重大危险源安全评估报告，并报送安全生产监督管理部门备案。

（3）建立安全生产机构，明确责任人，并健全安全生产状况定期检查制度。

（4）建立完善重大危险源安全管理规章制度和安全操作规程，并执行。

（5）建立应急救援组织和队伍，制订事故应急预案及演练计划，配备应急救援器材、设备、物资，每年进行应急预案演练。

（6）配备温度、压力、液位等信息的不间断采集和视频监控、监测系统以及氨泄漏检测报警装置和事故喷淋系统，并具备紧急停车功能。

（7）管理和操作岗位人员进行安全操作技能培训。

（8）建立重大危险源档案，包括但不限于以下内容：

1）辨识、分级记录。

2）区域位置图、平面布置图、工艺流程图和主要设备一览表。

3）重大危险源安全管理规章制度及安全操作规程。

4）重大危险源事故应急预案、评审意见、演练计划和评估报告。

5）安全评估报告或者安全评价报告。

6）重大危险源关键装置、重点部位的责任人、责任机构名称。

7）设备管理档案其他文件、资料。

46. 液氨罐区防火重点要求有哪些？

答：（1）氨区内各建（构）筑物与相邻工厂或设施的防火间距，以及氨区与明火、燃爆区域的安全距离应满足《石油化工企业设计防火规范》（GB 50160—2008）的相关要求。

（2）氨区外围30m范围内禁止堆放易燃易爆物品。

（3）液氨罐区周边30m严禁烟火；氨区内及卸料区动火作业应办理一级动火工作票。

（4）液氨罐区宜设置不低于2.20m的阻燃材料实体围墙。

（5）液氨储罐宜集中布置，当储罐数大于3个时，宜分组布置，储罐组之间相邻两个储罐的外壁间距宜不小于26m，否则增设高至遮阳棚顶的防火隔墙。

（6）储罐区应设置防火堤，其有效容积应不小于储罐组内最大储罐的容量，并在不同方位上设置不少于2处越堤人行踏步或坡道，防火堤高度宜不小于1m。

（7）氨气制备区宜设置高度为0.6m的防火堤。

（8）人员进入氨区应先触摸静电释放装置，消除人体静电。禁止无关人员进入氨区，禁止携带火种或穿着可能产生静电的衣服和带钉子的鞋进入氨区。

（9）液氨罐区设备运行操作或检修维护作业应使用铜质等防止产生火花的专用工具。如必须使用钢制工具，应涂黄油或采取其他措施。

47. 氨区防护器材有哪些？

答：过滤式防毒面具（氨气专用过滤毒罐）、正压式空气呼吸器、隔离式（气密式）防护服、橡胶防冻手套、胶靴、化学安全防护眼镜、应急通信器材、堵漏材料工具、酸性饮料等。

第二节　日常检查维护

1. 人员进入液氨罐区有何规定要求?

答：人员进入氨区应先触摸静电释放装置，消除人体静电，并按规定进行登记。禁止无关人员进入氨区，禁止携带火种或穿着可能产生静电的衣服和带钉子的鞋进入氨区。

2. 液氨罐区对操作工具有何要求?

答：从事液氨罐区设备运行操作或检修维护作业，应使用铜质等防止产生火花的专用工具。如必须使用钢制工具，应涂黄油或采取其他措施。

3. 运行值班人员应如何做好液氨罐区运行工作?

答：运行值班人员应按规定巡视检查液氨罐区设备和系统运行状况，定期测定空气中氨气含量，并做好记录，发现异常及时处理。应加强对储罐温度、压力、液位等重要参数的监控，严禁超温、超压、超液位运行。储罐液位计应有明显的限高标识，运行中储罐存储量不得超过储罐有效容量的85%。禁止敲击液氨罐区运行中的设备系统，接卸、气体置换、倒罐等重要操作应严格执行操作票制度。

4. 接卸液氨操作应遵循哪些原则?

答：（1）接卸前查验液氨出厂检验报告，确认液氨纯度符合要求。

（2）液氨运输人员负责槽车侧的阀门操作，氨区操作人员按照操作票逐项操作氨区内设备系统。

（3）根据经计算确定的卸氨流量控制流速在1m/s以内，防止静电摩擦起火。

（4）接卸液氨过程中应注意储罐和槽车的液位和压力变化，不得超过规定的安全液位高限。

（5）恶劣天气或周围有明火等情况下，应立即停止或不得进行卸氨操作。夜间一般不进行卸氨操作。

（6）卸氨结束，应静置10min后方可拆除槽车与卸料区的静电接地线，并检测空气中氨浓度小于27mg/m³（35ppm）后，方可启动槽车，避免因启动槽车导致空气中的残氨着火、爆炸。

5. 简述液氨接卸前的注意事项有哪些?

答：（1）槽车进入厂区前应启用阻火器。

（2）槽车在厂内按规定路线行驶，由专人引领，行驶道路宜实行交通管制。

（3）人员进入液氨罐区前释放静电，交出火种，并进行登记。

（4）槽车按指定位置停车，关闭槽车发动机并用手闸制动，在两个后轮的前后分别放置防溜车止挡装置，驾驶员应离开驾驶室，槽车周边区域可靠隔离，严禁车辆通行。

（5）检查槽车道路运输证、机动车行驶证，驾驶员驾驶证、"危货"驾驶员证，押运员"危货"押运从业资格证齐全有效。检查槽罐使用登记证、槽罐检验合格标记和下次检验日期、汽车罐车定期检验报告复印件，新制造或检修后首次充装的槽车还应检查罐体真空置换含氧量分析报告。

（6）确认槽车槽罐在检验有效期内。

（7）确认应急器材备用良好。

（8）确认氨区消防喷淋、消防炮、冷却喷淋、洗眼器、灭火器等备用良好。

（9）检测卸氨区内氨气浓度为0ppm。

（10）对槽车紧急切断阀做一次动作试验，确保紧急切断阀可靠。

（11）槽车应使用接地端子箱的专用接地线可靠接地。

（12）接卸操作的液氨储罐应停止向蒸发槽供应液氨，储罐液位计、温度计、压力表均应显示正常。

（13）非特殊情况，应避开夜间、高温时段进行液氨接卸工作。

6. 简述液氨接卸过程中的注意事项有哪些?

答：（1）卸氨操作人员应按标准卸氨操作票进行卸氨操作。

（2）押运员、卸氨操作人员在操作阀门、设备过程中应穿戴防毒面具、橡胶手套等防护用品。

（3）槽车与储罐连接完毕后，应微开相关阀门对系统进行充压，待确认管道、阀门、接口无泄漏后方可进行卸氨操作，开关相关阀门应缓慢进行。

（4）液氨进入储罐前的流速应控制在1m/s以内，现场操作时应通过调节槽车与储罐压差来控制卸氨速度，通常维持液氨槽车压力大于储罐压力0.2MPa左右。

（5）槽车卸车接口周边20m范围内，除押运员和卸氨操作人员外，严禁其他人员逗留。

（6）卸氨操作人员、押运员不得离开现场，注意观察储罐和槽罐压力、液位的变化情况；卸氨操作人员注意观察卸料压缩机状态，出现故障及时处理。

（7）氨区周围30m严禁烟火，不得使用易产生火花的工具和物品。

（8）严禁氨区内开展任何检修作业，尤其是动火作业。

（9）严禁用蒸汽或其他方法加热储罐和槽车罐体。

（10）严禁储罐超装（大于储罐有效容量的85%）和槽车卸空，槽车内应保留有0.05MPa以上余压，但最高不得超过当时环境温度下介质的饱和压力，相关管道液氨或气氨不向大气排放。

（11）若卸氨过程中发生雷电天气、设备管线泄漏、生产操作异常等情况，应停止卸氨。

（12）发电企业宜安排1名管理人员全程监护卸氨操作。

（13）所有进入卸氨现场人员均应签字记录，规范存档。

7. 液氨槽车在哪些情况下不得卸车？

答：（1）提供的文件和资料与实物不相符。

（2）罐车未按规定进行定期检验。

（3）安全附件（包括紧急切断装置）不全、损坏或有异常。

（4）罐体外观有严重变形、腐蚀或凹凸不平现象。

（5）其他有安全隐患的情况。

8. 氨系统气体置换原则有哪些？

答：（1）确保连接管道、阀门有效隔离。

（2）氮气置换氨气时，取样点氨气含量应不大于$27mg/m^3$（35ppm）。

（3）压缩空气置换氮气时，取样点含氧量应达到18%～21%。

（4）氮气置换压缩空气时，取样点含氧量小于2%。

9. 液氨罐区检修作业有哪些注意事项？

答：（1）氨系统发生泄漏时，宜使用便携式氨气检测仪或肥皂水查漏，禁止明火查漏。

（2）检修维护作业必须严格执行工作票制度，在采取可靠隔离措施并充分置换后方可作业，不准带压修理和紧固法兰等设备；氨系统经过检修后，应进行严密性试验。

（3）氨区及周围30m范围内动用明火或可能散发火花的作业，应办理动火工作票，在检测可燃气体浓度符合规定后方可动火。

（4）严禁在运行中的氨管道、容器外壁进行焊接、气割等作业。

（5）储罐内检修维护作业，应有效隔离系统，并经气体置换，同时要落实有限空间作业安全措施。

10. 液氨储罐隔离检修有哪些注意事项？

答：（1）储罐隔离前应倒为其他储罐供制备系统运行。

（2）采用气体置换法、注水稀释法、气体置换与注水稀释结合法使隔离储罐内氨浓度达到0ppm。

（3）在以下阀门位置处加装堵板：供氨气动阀前手动阀、液氨气动阀后手动阀、气氨气动阀前手动阀、储罐至稀释槽排气一次阀、与相邻储罐联络一次阀。

（4）检修储罐与运行的储罐间应设置隔离围栏，悬挂警告、禁止类标示牌。

（5）储罐充氮泄压时，应注意观察稀释槽液位，适时调整排气阀开度。

（6）储罐注水排空时，应注意观察废水坑液位，适时调整排污阀开度。

（7）储罐为有限空间，应先通风、再检测、后作业。

（8）储罐检修工作开始前必须进行安全技术交底。

（9）进入储罐前，进行活体试验或用长杆绑定氨泄漏检测仪，测量储罐两端上下各两点（死角处）氨含量，确认氨浓度为0ppm后，方可进入人员。

（10）储罐内作业应设双监护人，监护人应在储罐外人孔门处监护，并与罐内检修作业人员联络畅通。

（11）检修作业人员应系绳索进入储罐，绳索另一端由人孔门处监护人员把持。

（12）在人孔门处设置防爆轴流风机进行通风。

（13）在储罐内搭脚手架应使用木、竹质材料。

（14）检修作业中应每30min监测一次储罐内氨气浓度。

（15）储罐作业应使用防爆电筒或电压≤12V的防爆照明灯、行灯、头灯，并确保照明充足。

（16）检修作业人员应佩戴防毒面具等安全防护用品。

（17）禁止用铁器敲击罐体。

（18）储罐检修结束恢复备用时，应用氮气进行气体置换，确保储罐内氧量小于2%。

11. 液氨运输单位应具备哪些资质？

答：（1）液氨运输厂家应具有营业执照、安全生产许可证、危险化学品经营许可证、危化品道路运输经营许可证。

（2）液氨运输槽车应具有道路运输证、机动车行驶证，槽车的槽罐应有检验合格证。

（3）液氨槽车驾驶员应有A2及以上车型驾驶证、市级及以上交通运输管理部门核发的"危货"驾驶员证；押运员应有市级及以上交通运输管理部门核发的"危货"押运员从业资格证。

12. 液氨槽车运输注意事项有哪些？

答：（1）槽车运输时要灌装适量，不可超压超量运输。运输按规定路线行驶，严格遵守交通规则。

（2）夏季车辆应停靠有遮阳设施或大树下，避免曝晒；司机与押运人员不得同时离开。

（3）槽车必须专门运输液氨，不得与其他液体混装。确保专车专用，禁止搭乘其他无关人员。

（4）槽车必须配置防火帽、阻火器、呼吸阀，应配备导除静电装置，罐体内应配置防波挡板，以减少液体震荡产生的静电。

（5）槽车上应备有灭火器材。

（6）罐车司机应经常对装卸接头、紧急切断装置、附件（安全阀、压力表、温度计、液位计等）进行检查是否合格。

（7）槽车随车必带的文件和资料包括：道路运输证、机动车行驶证，驾驶员驾驶证、"危货"驾驶员证，押运员"危货"押运从业资格证、槽罐定期检验报告复印件、液氨出厂化验单。

13. 电厂与液氨供应单位签订的安全协议中电厂的安全职责有哪些？

答：（1）贯彻落实国家安全生产法律法规及行业标准、地方安全生产规章制度及标准、《安全生产法》《电业安全工作规程》、国家能源局《燃煤发电厂液氨罐区安全管理规定》等规章制度。

（2）对液氨供应单位的单位、车辆、人员资质进行审查，确保符合要求。

（3）对液氨供应单位人员进行安全教育培训考试，进行安全技术交底，办理入厂手续。

（4）每次卸氨前提前通知相关人员和发电企业设备、运行、消防、安监等人员到位负责监护和卸氨操作。

（5）液氨卸车操作严格执行操作票。

（6）卸氨前，监督液氨槽车采用规范接地方式。

（7）禁止在卸料区进行设备检修等与卸料无关的作业。

（8）卸氨过程中，氨区周围30m内严禁动火。

（9）卸氨后，进行文明生产验收，验收不合格的要求液氨供应单位进行整改。

（10）有权纠正液氨供应单位的违章行为，对违章作业、发生不安全事件等，有权进行处罚。

（11）对不服从管理的，有权停止液氨供应。

14. 电厂与液氨供应单位签订的安全协议中液氨供应单位的安全职责有哪些？

答：（1）贯彻落实国家安全生产法律法规及行业标准、地方安全生产规章制度及标准、《安全生产法》《电业安全工作规程》、国家能源局《燃煤发电厂液氨罐区安全管理规定》及电厂有关规章制度。

（2）应取得安全生产监督管理部门核发的《危险化学品经营许可证》、交通运输管理部门核发的经营范围包括危险货物运输（2类）的《道路运输经营许可证》、液氨产品制造商的《全国工业品生产许可证》《安全生产许可证》，所有证件均应在有效期内；按照电厂要求提供液氨供货的相关资质材料。

（3）槽车必须符合《道路运输危险货物车辆标志》（GB 13392—2005）的规定；槽车、押运员、司机应具备相应的资质。

（4）接受电厂进行的安全教育培训、考试与安全技术交底，全体运输、接卸作业人员均应掌握操作规程、危险因素、安全措施、应急处置方案，规范作业。合同期间，如需更换驾驶员或押运员，应提前征得电厂同意。

（5）严禁使用年龄未满18岁的驾驶员、押运员；驾驶员、押运员必须经县级以上医院体检合格，不得有从事液氨危化品作业的职业禁忌症；应为驾驶员、押运员购买人身意外伤害保险。

（6）配齐驾驶员、押运员的个人安全防护用品（如化学防护眼罩、橡胶手套、防毒面具、防化服、安全帽等），驾驶员、押运员能够正确使用。

（7）卸氨操作应严格执行《火电厂烟气脱硝（SCR）系统运行技术规范》（DL/T 335—2010）中各项规定。

（8）禁止在卸料区进行检修槽车等与卸氨无关的作业。

（9）规范作业，确保作业现场整洁有序，作业人员进入厂区必须衣着防静电工作服，在规定的作业区域内工作，不得从事与卸氨无关的工作，严禁吸烟，严禁穿钉鞋，严禁携带火种进入氨区。

（10）执行电厂环境保护、文明生产、消防保卫、厂内交通等有关规定。

（11）卸氨后，清理现场，保证现场文明卫生。

（12）接受电厂的安全监督和指导，服从电厂安全管理，对电厂提出的意见及时整改；发现有危及安全生产的情况，立即报告电厂。

15. 液氨罐区所在发电企业管理人员应满足哪些资质要求？

答：发电企业应加强安全生产教育培训，主要负责人和安全管理人员应经教育培训合格；液氨罐区专业管理人员、操作人员和作业人员应经专业知识和业务技能培训，持证上岗。

16. 发电企业对液氨安全管理人员、操作人员和作业人员安全培训的内容包括哪些？

答：（1）岗位安全责任制、安全管理制度、操作规程。

（2）工作环境、危险因素及可能遭受的职业伤害和伤亡事故。

（3）预防事故和职业危害的措施及应注意的安全事项。

（4）自救互救、急救方法，疏散和现场紧急情况的处理。

（5）安全设备设施、个人防护用品的使用和维护。

（6）氨的理化特性。

（7）应急救援预案的内容及对外救援联系方式。

（8）有关事故案例。

（9）其他需要培训的内容。

17. 液氨罐区应制定哪些安全管理制度？

答：液氨罐区应执行以下安全管理制度（包括但不限于）：运行规程、检修规程、操作票制度、工作票制度、动火制度、巡回检查制度、出入管理制度、车辆管理制度、防护用品定期检查制度等。

18. 储罐区风险防控重点是什么？

答：（1）液氨储罐罐体本身使用时间久，材质腐蚀变薄，产生局部裂缝，液氨从此处泄漏。

（2）液氨储罐长期超压或超温，产生局部泄漏。

（3）液氨储罐安全阀长期未按时校验，造成失灵。当罐内压力升高时，安全阀不能自动起跳卸压和报警，产生局部泄漏。

（4）卸料压缩机出口压力太高，致使液氨储罐压力升高。

（5）液氨储罐的各类进出口阀门、管道因腐蚀和超压，发生破裂。

（6）液氨储罐值班员在卸氨、倒换储罐时，操作失误，致使液氨储罐压力超高。

（7）喷淋系统故障，不能及时降温或消防喷淋。

19. 氨泄漏预防性措施有哪些？

答：（1）SCR脱硝系统加装水喷淋系统、氮气吹扫系统、废氨稀释系统、眼睛冲洗器、淋浴器等作为安全保护措施。常备喷淋水，用于氨罐降温，以防罐内超压。利用氨易溶于水的特点，常备消防水冲洗应急。

（2）加强技术培训，提高现场人员技术素质，了解正常和异常反应的判断和处理，准确找出原因及时进行处理。

（3）加强个人防护。液氨作业工人应着防腐蚀的工作服、手套、2%硼酸溶液，配带便携式氨检漏仪。进入高浓度现场维修时，佩戴好防毒面具。事故处理时配备密闭型全身防护服，由抗渗透材料制作，整体结构密闭。

（4）定期组织厂级领导下的氨区泄漏演习，提高对氨气泄漏处理反应能力。

（5）健全安全生产规章制度。加强区域内设备、设施、工具防静电措施落实，加强密闭化、自动化管理，防止跑、冒、滴、漏现象。

（6）氨区设备要加强定期检修管理，建立氨区定修管理制度和维修标准。

20. 一般氨泄漏事故处理注意事项是什么？

答：（1）由安全报警系统发出警报，岗位操作人员巡查发现，采取相应措施，予以处理。操作人员最快用水对准氨泄漏点喷淋，让氨溶解于水，以减少氨气蔓延。

（2）泄漏部位上游有阀门的，应立即关闭阀门，切断来源。

（3）当罐体开裂尺寸较大而无法止漏时，如条件可能则迅速将该罐内液氨导入空罐或其他储罐中。

（4）实施操作的人员必须经过专门训练，并配备专门的防护工具，作业时必须严格执行防火、防静电、防中毒等安全技术规定。

（5）佩戴防毒面具、空气呼吸器，穿全密封阻燃防化服。

21. 如何做好液氨储罐压力容器安全管理？

答：液氨储罐应按照《锅炉压力容器使用登记管理办法》（国质检锅〔2003〕207号）注册登记，并按照《固定式压力容器安全技术监察规程》（TSG R0004—2009）规定监督管理。安装前应按照《电站锅炉压力容器检验规程》（DL 647—2004）执行验收检验，检验内容包括技术资料审查、外观检查、厚度抽查和无损检测等。做好液氨储罐日常监督检查。每月进行一次安全检查，每年进行一次年度检查，新安装压力容器投运满3年内必须进行首次定期检验。下次定期检验周期，由检验机构根据容器安全状况等级确定，一般3～6年进行一次。定期检查、检验内容和要求，按照《压力容器定期检验规则》（TSG R7001—2013）规定进行，并将检查、检验的记录和报告存入

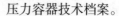

压力容器技术档案。

22. 液氨储罐、缓冲罐压力容器资料档案应包括哪些内容？

答：（1）特种设备使用登记证。

（2）压力容器登记卡。

（3）压力容器设计制造技术文件和资料。

（4）压力容器安全检查、年度检查、定期检验报告，以及有关检验技术文件和资料。

（5）压力容器维修和技术改造方案、图样、材料质量证明书、施工质量证明文件等技术资料。

（6）安全附件校验、修理和更换记录。

（7）有关事故记录资料和处理报告。

23. 液氨金属压力管道日常管理内容有哪些？

答：液氨金属压力管道应按照《压力管道安全技术监察规程——工业管道》（TSG D0001—2009）规定监督管理，对管道进行经常性维护保养，每年至少进行一次在线检验（年度检查），新投用管道首次全面检验周期一般不超过3年，下次全面检验周期由检验机构根据管道安全状况等级确定，一般3～6年进行一次。定期检查、检验内容和要求，按照《在用工业管道定期检验规程》（国质检锅〔2003〕108号）规定进行，并将检查、检验的记录和报告存入压力管道技术档案。液氨金属管道除需要采用法兰连接外，均应采用焊接。管道安装或维修后焊缝应进行100%无损检测，并进行泄漏试验。泄漏试验时，应重点检查阀门填料函、法兰或者螺纹连接处、放空阀、排气阀、排污阀等处。验收移交时，还应对安装焊缝进行不少于20%的无损检测复查。

24. 液氨金属压力管道哪些情况可延长或缩短全面检验周期？

答：（1）经检验证明可以超出规定期限安全运行的管道，向省级或其委托的地（市）级质量技术监督部门安全监察机构提出申请，经受理申请的安全监察机构委托的检验单位确认，检验周期可适当延长，但最长不得超过9年。

（2）属于下列情况之一的管道，应适当缩短检验周期：新投用（首次检验周期）、发现应力腐蚀或严重局部腐蚀、承受交变载荷可能导致疲劳失效、材料产生劣化、在线检验中发现存在严重问题、检验人员和使用单位认为应该缩短检验周期的管道。

25. 液氨、氨气压力管道资料档案应包括哪些内容?

答：（1）管道元件产品质量证明、管道设计文件、管道安装质量证明、安装技术文件和资料、安装质量监督检验证书、使用维护说明等文件。

（2）管道定期检验和定期自行检查记录。

（3）管道日常使用状况记录。

（4）管道安全保护装置、测量调控装置以及相关附属仪器仪表日常维护保养和校验记录。

（5）管道运行故障和事故记录。

26. 哪些情况下需重新进行液氨罐区重大危险源辨识、安全评估及分级?

答：（1）液氨罐区重大危险源安全评估已满3年的。

（2）液氨罐区进行新建、改建、扩建的。

（3）液氨罐区液氨存量、生产、使用工艺或者储存方式及重要设备、设施等发生变化，影响重大危险源级别或者风险程度的。

（4）外界生产安全环境因素发生变化，影响重大危险源级别和风险程度的。

（5）发生液氨安全生产事故造成人员死亡，或者10人以上受伤，或者影响到公共安全的。

（6）液氨有关重大危险源辨识和安全评估的国家标准、行业标准发生变化的。

27. 液氨罐区重大危险源如何定级?

答：采用液氨罐区内实际存在（在线）液氨量与其在《危险化学品重大危险源辨识》（GB 18218—2009）中规定的临界量比值，经校正系数校正后的比值之和 R 作为分级指标。$R \geq 100$ 时，为一级；$100 > R \geq 50$ 为二级；$50 > R \geq 10$ 时，为三级；$R < 10$ 时，为四级。

28. 液氨罐区重大危险源如何核销?

答：液氨罐区重大危险源经过安全评价或者安全评估不再构成重大危险源的，发电企业应当向所在地县级人民政府安全生产监督管理部门申请核销。申请核销重大危险源应当提交下列文件、资料：

（1）载明核销理由的申请书。

（2）单位名称、法定代表人、住所、联系人、联系方式。

（3）安全评价报告或者安全评估报告。

县级人民政府安全生产监督管理部门应当自收到申请核销的文件、资料之日起30日内进行审查，符合条件的，予以核销并出具证明文书；不符合条件的，说明理由并书面告知申请单位。必要时，县级人民政府安全生产监督管理部门应当聘请有关专家进行现场核查。

第三节　应急管理

1. 氨区的泄漏程度分为哪几个状态？

答：（1）预警状态：氨系统发生泄漏，浓度在$30mg/m^3$（40ppm）以下，经隔离后可消除泄漏或经隔离后泄漏可有效控制，不会对周围设备造成损坏，不会造成人身伤害。

（2）紧急状态：氨系统发生泄漏，浓度在$30\sim500mg/m^3$（$40\sim660ppm$）之间，人员在不穿戴防化服的情况下无法接近，但利用系统阀门可以有效控制液氨泄漏。

（3）危急状态：氨系统发生泄漏，浓度在$500mg/m^3$（660ppm）以上，人员在不穿戴防化服的情况下无法接近，无法利用原有隔离系统有效控制的液氨泄漏（如液氨罐体开裂或与罐体连接的管道脱落）或引起爆炸。

2. 氨泄漏应急预案与演练有何要求？

答：液氨罐区企业应编制液氨泄漏事故专项应急预案和现场处置方案，并定期演练；每半年组织一次液氨泄漏事故应急预案演练；每季度对液氨使用、接卸等生产岗位及专责负责人进行一次防毒面具、正压呼吸器、防护服等穿戴的演练。

3. 液氨罐区应配备哪些应急物资？

答：液氨罐区至少应配备以下应急物资：正压式空气呼吸器、气密型化学防护服、过滤式防毒面具、化学安全防护眼镜、防护手套、防护靴、便携式氨气检测仪、手电筒、手持式应急照明灯、对讲机、医用硼酸、堵漏器材。

4. 管理人员、运行人员、检修人员、押运员、槽车司机应掌握液氨罐区哪些基本知识?

答：应掌握如下基本知识：
（1）氨的物理、化学性质与危害。
（2）灭火器使用方法、消防喷淋开启方法。
（3）正压式呼吸器、防护服、防毒面具等个人防护用品使用方法。
（4）便携式氨泄漏检测仪、洗眼器、硼酸溶液用途及使用方法。
（5）会通过风向标辨别风向，知晓往上风向逃生。
（6）液氨泄漏应急处置措施。
（7）人员急救方法。

5. 液氨罐区内容易发生氨泄漏的部位是哪里?

答：从目前火力发电厂氨脱硝系统设计看，发生严重泄漏风险的部位在卸料接口以及与液氨储罐直接连接的第一道法兰、阀门。

6. 液氨罐区可能造成的安全与环境事故类型有哪些?

答：液氨罐区可能造成的安全与环境事故类型有：容器爆炸、其他爆炸（物理爆炸、化学爆炸），灼烫，中毒与窒息，火灾，环境污染等。

7. 液氨泄漏致使人员受伤时应如何紧急处理?

答：（1）当发生人员受伤情况，伤者或第一目击者首先拨打电话通知值长，同时进行自救互救。值长应立即通知医疗救护组到场救护，并汇报现场救援组组长。
（2）人员吸入液氨时，应迅速转移至空气新鲜处，保持呼吸通畅；如呼吸困难或停止，立即进行人工呼吸，并迅速就医。
（3）皮肤接触液氨时，立即脱去污染的衣物，用医用硼酸或大量清水彻底冲洗，并迅速就医。
（4）眼睛接触液氨时，立即提起眼睑，用大量流动清水或生理盐水彻底冲洗至少15min，并迅速就医。

8. 简述正压式呼吸器穿戴步骤是怎样的？

答：（1）检查气瓶压力，观察压力表。

（2）检查气瓶、连接管件、面罩外观无损坏。

（3）检查防护服外观无损坏。

（4）将快速接头拔开（以防在佩戴空气呼吸器时损伤全面罩）。

（5）将空气呼吸器背在人身体后（瓶头阀在下方）。

（6）根据身材调节好肩带、腰带，以合身牢靠、舒适为宜。

（7）连接好快速接头并锁紧。

（8）将全面罩置于胸前，以便随时佩戴。

（9）将供给阀的进气阀门置于关闭状态。

（10）打开瓶头阀。

（11）佩戴好全面罩，将全面罩系带收紧，使全面罩和人的额头、面部贴合良好并气密。

9. 简述正压式呼吸器解卸步骤是怎样的？

答：（1）撤离现场到达氨区外上风侧后，将正压式呼吸器全面罩的系带解开，摘下全面罩，同时关闭供给阀的进气阀门。

（2）将空气呼吸器从身体卸下。

（3）关闭瓶头阀。

10. 简述心肺复苏主要步骤是怎样的？

答：（1）胸外按压：使伤员仰面躺在平硬的地方，救护人员站立或跪在伤员一侧肩旁，两肩位于伤员胸骨正上方，两臂伸直，肘关节固定不屈，两手掌根相叠，手指翘起，不接触伤员胸壁，找到肋骨和胸骨接合处的中点，以髋关节为支点，利用上身的重力，垂直将正常成人胸骨压陷3～5cm（瘦弱者酌减），按压至要求程度后，立即全部放松，但放松时救护人员的掌根不得离开胸壁，每分钟100～120次，每次按压和放松的时间相等。

（2）通畅气道：如发现伤员口内有异物，可将其身体及头部同时侧转，并迅速用一个手指或用两手指交叉从口角处插入，取出异物，操作中要注意防止将异物推到咽喉深部。用一只手放在伤员前额，另一只手的手指将其下颌骨向上抬起，两手协同将头部推向后仰，舌根随之抬起，气道即可通畅，严禁用枕头或其他物品垫在伤员头下。

（3）口对口（鼻）人工呼吸：在保持伤员气道通畅的同时，救护人员用放在伤员额头上的手指，捏住伤员的鼻翼，在救护人员深吸气后，与伤员口对口紧合，在不漏气的情况下，先连续大口吹气两次，每次1～5s。胸外按压与口对口（鼻）人工呼吸同时进行，其节奏为每按压30次后吹气2次（30：2），反复进行。

（4）按压吹气2min后（相当于单人抢救时做了5个30：2压吹循环），应用看、听、试方法在5～7s时间内完成对伤员呼吸和心跳是否恢复的再判定。若判定颈动脉已有搏动但无呼吸，则暂停胸外按压，而再进行2次口对口人工呼吸，接着每5s时间吹气1次（即每分钟12次）。如脉搏和呼吸均未恢复，则继续坚持心肺复苏法抢救，直至医务人员到场。

11. 氨系统泄漏处置有何原则？

答：（1）氨系统发生泄漏时应立即查找漏点，快速进行隔离，严禁带压堵漏。

（2）当发生火灾时，消防人员必须穿全身防火防毒服，在上风向灭火；不能切断泄漏源时，严禁熄灭泄漏处火焰。

（3）泄漏现场以及氨气扩散区域禁止一切明火，车辆抵达现场后立即熄火。

（4）当不能有效隔离且喷淋系统不能有效控制氨扩散时，应立即启用消火栓、消防车加强吸收，并疏散周边人员。

（5）严禁未经专门培训、未佩戴防护用品的人员参与现场抢险。

（6）禁止直接接触或跨越泄漏物，以防冻伤。

（7）发生液氨大量泄漏时，抢险人员（包括消防队员）必须使用正压式空气呼吸器、全封闭防化服。

（8）严禁未经专门培训、未佩戴合格防护用品的人员参与现场抢险。

12. 氨泄漏抢险人员应穿戴哪些个人安全防护用品？

答：短时间、轻微泄漏或处置残存氨的情况下，抢险人员应佩戴防毒面具、橡胶手套。当发生大量泄漏时，抢险人员必须使用正压式空气呼吸器、隔离式（气密式）防化服。

13. 槽车接卸过程中泄漏处置程序及要点是什么？

答：（1）槽车接卸过程中泄漏时，根据泄漏情况手动启动或由值班人员远程启动喷淋系统，对泄漏氨气进行稀释、吸收。

（2）未配置卸料区喷淋系统的，应使用消防水枪、消防水炮等设施进行稀释、吸收。

（3）液氨押运员检查防护服、防护面罩穿戴无误后，立即就地关闭槽车紧急关断门、槽车出口门。

（4）运行人员立即远程关闭液氨储罐液氨进口气动门、停运卸料压缩机、关闭液氨储罐气氨出口气动门。

（5）氨区负责接卸人员就地关闭卸料臂等就地阀门。

（6）若泄漏部位无法隔离，则对泄漏点周围连续喷雾状水，待存留液氨全部排尽后进行消洗，并做好污水处理和收集工作。

14. 简述氨泄漏事故预警状态应急处置程序及要点是什么？

答：任何人员发现液氨泄漏，均应立即汇报值长，值长应立即向应急指挥办公室（安监部）汇报。值长安排运行人员确认泄漏点和泄漏情况，根据泄漏程度，启动相应的应急处置程序。

（1）处置程序：

1）停止氨区（或氨气管道泄漏区域）一切维修（或运行操作）作业，人员撤离现场。

2）值长安排运行人员疏散周围无关人员，禁止机动车辆在泄漏区域停留。

3）值长通知各应急处置组做好事态进一步扩大处置准备。

（2）处置要点：

1）运行人员对泄漏点进行隔离，必要时，手动启动喷淋系统运行，同时汇报当班辅控长、值长。

2）当班值长命令当班运行人员做好检修工作安全隔离措施，联系设备维护人员处理漏点，并做好记录。

15. 简述氨泄漏事故紧急状态应急处置程序及要点是什么？

答：任何人员发现液氨泄漏，均应立即汇报值长，值长应立即向应急指挥办公室（安监部）汇报。值长安排运行人员确认泄漏点和泄漏情况。根据泄漏程度，启动相应的应急处置程序。

（1）处置程序：

1）值长立即向生产副总经理和公司总经理汇报，启动应急预案。

2）停止隔离区内一切作业，禁止一切车辆在隔离区内停留，组织相关人员紧急疏散。

3）各应急处置组按分工开展应急处置工作。

（2）处置要点：

1）当班值长确认后立即启动紧急状态程序。

2）运行值班人员确认液氨区喷淋阀自动开启（否则就地手动开启），并利用系统中的阀门将泄漏点隔离。

3）消防保卫组到达泄漏现场后，首先查明有无中毒人员。如有，将其撤离出现场至上风处，进行初步急救。

4）消防人员用喷雾水枪对事故发生源点、泄漏部位附近集中喷水，但禁止用水直接冲击泄漏的液氨或泄漏源。

5）消防保卫组用警示带明确标识警戒范围。维护好现场秩序，严禁无关人员入内。指定专人引领区域附近人员按照疏散图的上风方向指引疏散。

6）设备抢险组配合运行人员隔离泄漏点，然后将泄漏点封堵。

7）医疗救护组在到达现场后，迅速对现场中毒人员进行救治，如中毒人员状况严重，在做好必要的救护措施后，马上报告总指挥，把伤员送到当地医院救治。

8）若处理液氨泄漏中有人感觉身体不适，应马上离开现场，到开阔空气流通地方休息，如果觉得恶心，呼气不畅，救护人员应给予不适人员氧气呼吸供氧，并做必要检查。

16. 简述氨泄漏事故危急状态应急处置程序及要点是什么？

答：任何人员发现液氨泄漏，均应立即汇报值长，值长应立即向应急指挥办公室（安监部）汇报。值长安排运行人员确认泄漏点和泄漏情况。根据泄漏程度，启动相应的应急处置程序。

（1）处置程序：

1）值长立即向生产副总经理和公司总经理汇报，启动应急预案。

2）停止隔离区内一切作业，禁止一切车辆在隔离区内停留，组织相关人员紧急疏散。

3）各应急处置组按分工开展应急处置工作。

（2）处置要点：

1）当班值长确认后立即启动危急状态程序。

2）值长根据现场情况，确定最佳运行方案，采取喷淋方式对设备采取保护、隔离措施。

3）运行人员开启泄漏罐体的泄压门，将存留液氨排往稀释罐，减少液氨泄漏量。同时，加强稀释罐液位控制。

4）如稀释罐无法容纳存留液氨，则实施倒罐方案，并对泄漏点周围连续喷雾状水。

5）如无法实施倒灌方案，则对泄漏点周围连续喷雾状水，待存留液氨全部排尽后，设备抢险组组织用消防水进行消洗工作，并做好污水处理和收集工作。

6）综合组到达现场，视情控制况报告地方政府、疏散周边居民。及时调用事故应急车辆满足应急需求，做好后勤保障工作。收集信息、做好对外发布及上报准备工作。

7）消防保卫组、医疗救护组处置要点同紧急状态。

17. 简述氨泄漏事故发生后的警戒疏散程序是怎样的？

答：（1）氨区值班负责人利用呼叫系统向氨区周边进行广播，告知周边人员按规定路线向上风向疏散。

（2）各相关部门清点人员，查清是否还有因故而被困在事故发生地的人员，并将清点结果报告消防保卫组。

（3）消防保卫组同时进行人员搜查、抢救未撤离人员。将搜查和抢救结果报应急总指挥。抢救的原则是：先近，后远；先易，后难；先抢救年轻人和医务工作者，以增加帮手。

（4）消防保卫组负责现场警戒，进行初始隔离，组织下风向人员疏散。

（5）当发生泄漏危及周边居民时，综合组要及时向当地政府部门通报疏散周边居民，并协助当地政府做好疏散工作。

18. 发电企业氨泄漏应急组织机构应包括哪些人员？职责是什么？

答：氨泄漏应急组织机构应包括以下岗位与人员：

（1）组长：应为厂长或总经理。

（2）副组长：包括党委书记、生产副厂长、经营副厂长、总工程师等。

（3）成员：包括相关部门负责人员，以及相关安全、技术、管理、物资、交通、保卫、医务人员等。

机构的职责是：制定液氨泄漏事件应急预案，落实预防措施，组织应急演练；发生液氨泄漏事件时，及时启动应急预案；调配各应急救援力量和物资，及时掌握突发事件现场的态势，全面指挥应急救援工作。

19. 氨泄漏应急组织机构应成立哪些应急小组？职责分别是什么？

答：（1）安全监察组：负责组织应急预案的编写和完善，监督应急预案的有序进行，及时向上级有关部门报告事故情况，负责事故的调查和结案工作。

（2）环保组：对应急现场进行监测，对应急工作提出建议，防止环境污染事故的发生。

（3）消防组：事故现场存在火险或火灾时，对事故现场进行灭火和防火，经有关部门同意或请求，使用高压水枪对扩散氨气进行清洗消毒。进入事故现场人员应着消防服或戴防毒面具或正压呼吸器。查明现场有无中毒人员，用最快速度将伤员从事故现场搬运到安全地带。

（4）保卫组：做好事故地点的人员警戒、疏散工作，在隔离带设置明显警戒标志，除应急抢险人员和应急领导小组同意的人员外，其他人员一律不得进入隔离区内。进入隔离区内抢险人员必须配备防毒面具或其他防护用品，否则不得入内。

（5）医疗组：及时到达事故现场，对伤员进行救治。

（6）车辆管理组：根据命令，随时派出足够车辆参加抢险工作。

（7）物资供应组：提供必需的抢救物资。

（8）设备检修组：参与应急方案的审核和编制，提供必要的技术支持；分析事件产生的原因，制定预防方案，防止类似事件的发生。

第一节　运行常见问题分析与处理

1. 喷氨量不足应如何处理？

答：处理措施：检查制氨系统和供氨系统运行是否正常、分析故障原因及时处理故障。在处理故障的时候，运行人员要认真监视SCR脱硝画面，保证达标排放。

2. 出口 NO_x 值过高，脱硝效率降低，应如何处理？

答：处理措施：

（1）手动调整喷氨量，直到出口NO_x在合理范围。

（2）检查还原剂供应系统、喷氨系统以及仪控系统，查出异常原因，组织消除缺陷。

3. 催化剂活性降低，造成脱硝效率降低，应如何处理？

答：处理措施：

（1）取出催化剂测试块，检验活性。

（2）加装备用层。

（3）更换催化剂。

4. 氨分布不均匀，造成脱硝效率降低，应如何处理？

答：处理措施：

（1）重新调整喷氨混合器节流阀，以便使氨与烟气中的NO_x均匀混合。

（2）检查喷氨管道和喷嘴的堵塞情况。

5. 因SCR入口烟气温度的影响造成脱硝效率降低，应如何处理？

答：温度对脱硝效率有较大影响：一方面温度升高使脱硝光反应速率增加，效率升高；另一方面温度升高导致氨氧化反应开始发生，使脱硝效率下降。

处理措施：

（1）通过调整燃烧使烟气温度在合理范围内。

（2）如果烟气温度持续过高或者过低，应该停止脱硝运行。

6. 因氨氮比小造成脱硝效率降低，应如何处理？

答：当氨氮比小于0.8时，脱硝效率随氨氮比几乎呈线性关系；当氨氮比大于1时，脱硝效率的增长幅度变缓，几乎不再增加。

处理措施：合理控制氨的喷入量。

7. 反应气体与催化剂接触时间越长脱硝效率越高吗？

答：反应气体与催化剂的接触时间增加，有利于反应气体在催化剂微孔内的扩散、吸附、反应和产物的解吸、扩散，从而使脱硝效率提高；若接触时间过长，NH_3的氧化反应开始发生，将导致脱硝效率下降。

8. 催化剂活性降低的原因主要有什么？

答：导致催化剂活性衰退的因素很多，除了随运行时间增加而逐渐衰减退化外，有物理因素也有化学因素。

（1）温度。温度过高会造成不可逆转的破坏性烧结，温度过低易导致铵盐的沉积、黏附和堵塞。通常为了避免催化剂的中毒，对于低硫煤的烟气，催化剂的反应温度宜控制在315～400℃，对于高硫煤，温度以342～400℃为宜，温度低于下限，则催化剂活性下降，下降程度取决于低温持续的时间和发生的频率。短暂和偶尔的低温可以利用适当高温的气流使之恢复，持续和反复的低温将导致催化剂的永久破坏。

（2）飞灰。催化剂因表面堵塞而退化，主要是飞灰沉积和铵盐黏附。微小颗粒沉积在催化剂的小孔中，阻碍了NO_x和NH_3到达催化剂活性表面，引起催化剂钝化。所以，安装吹灰器定时吹扫积灰是非常必要的。

（3）碱金属。典型的SCR催化剂化学中毒，主要源自烟气中的碱金属、碱土金属的积聚。碱金属可直接同催化剂的活性组分作用，使之失去活性。催化剂失活的程度取决于碱金属在其表面的浓度。

（4）碱土金属。是催化剂中毒钝化的主要原因是飞灰中游离CaO和催化剂表面吸附的SO_3反应生成$CaSO_4$，引起催化剂表面结垢，从而阻断反应气体流动通道和向催化剂内部扩散。

（5）砷。As中毒是由于烟气中As_2O_3、As_2O_5等引起的。砷氧化物会扩散进入催化剂的孔道中，造成堵塞。同时，还会对催化剂的酸性位产生影响。

（6）凝水。当催化剂表面有水蒸气凝结时，灰中的有毒物质和水作用，形成坚硬的物质，覆盖在催化剂的表面上，使其活性降低甚至丧失。

（7）磨蚀。磨损是因飞灰对催化剂的表面冲刷造成的，它是气流速度、飞灰特性、冲刷角度和催化剂特性的复变函数。

9. SNCR脱硝系统中，氨喷入的温度过高或过低有什么影响？

答：氨必须喷入合适的温度区内，温度过高，氨容易直接被氧化，导致被还原的NO_x减少。温度过低则氨反应不完全，过量的氨逸出而与SO_x形成硫酸铵，易造成空气预热器堵塞，并有腐蚀危险。

10. SCR脱硝系统中，烟气温度过高或过低有什么影响？

答：当烟气温度低于SCR系统所需温度时，NO_x的反应速率降低，氨逸出量增大，当温度高于SCR系统所需温度时，生产的N_2O量增大，同时造成催化剂的烧结和失活。最佳的操作温度取决于催化剂的组成和烟气的组成。

11. SCR脱硝喷氨优化是指什么？

答：SCR脱硝喷氨优化是通过对SCR脱硝仪控设备、流场以及喷氨控制逻辑进行综合优化，从而保证在达标排放的情况下适量喷氨，减小氨逃逸。

12. SCR脱硝喷氨优化可以产生什么效果？

答：SCR脱硝喷氨优化可以降低还原剂消耗量，降低空气预热器堵塞风险，延长催化剂寿命。

13. SCR脱硝还原剂消耗高的主要原因是什么？

答：SCR脱硝还原剂消耗高的主要原因是：

（1）催化剂性能下降导致脱硝效率降低，从而氨耗量增加。

（2）为了保证瞬时不超标，脱硝出口NO_x设定值偏低，导致过量喷氨。

（3）入口NO_x波动大且大于入口NO_x设计值。

14. SCR脱硝喷氨优化的具体步骤是什么？

答：SCR脱硝喷氨优化的步骤是：

（1）SCR脱硝现场诊断试验，主要通过分析现场运行历史数据并开展必要试验，掌握SCR脱硝运行现状及存在问题。

（2）根据运行现状编制喷氨优化改造方案，首先对仪控设备进行优化，然后进行流场优化和格栅优化，最后进行喷氨控制逻辑优化。

（3）喷氨优化热态调试及试运行，评估SCR脱硝喷氨优化运行效果。

15. SCR脱硝流场优化的步骤是什么？

答：SCR脱硝流场优化的步骤是：

（1）开展现场试验，获得流场分布情况数据。

（2）根据现场测试数据以及SCR脱硝反应器设计数据，开展CFD模拟，设计导流板安装位置及尺寸。一般情况不进行物模试验，必要的情况下可以开展物模试验进行验证，然后对设计的导流板进行修正。

（3）根据数模和物模结果进行现场改造。

（4）开展现场试验，评估流场优化效果。

16. SCR脱硝喷氨优化技术路线主要有哪几种？

答：SCR脱硝喷氨优化技术路线主要有两种：一种是仅对喷氨总管阀门进行控制优化；另一种是喷氨母管阀门控制优化与分区控制相结合。分区控制是沿长度方向将SCR反应器分为若干个区，在每个区内选取1个典型喷氨子管阀门将其改造成自动调节阀，在对应出口区域增加NO_x测量仪表，喷氨子管自动调节阀将根据对应区域出口NO_x浓度进行自动调节，从而实现分区控制。

17. SCR脱硝喷氨总量优化的技术特点是什么？

答：SCR脱硝喷氨总量优化投资小，改造工期短，可以提高脱硝喷氨自动投入率，有效降低还原剂耗量，缓解空气预热器堵塞。

18. SCR脱硝喷氨分区控制的技术特点是什么？

答：SCR脱硝喷氨分区控制投资较大，改造工期较长，可以有效解决SCR脱硝出口氨逃逸分布不均匀问题，显著降低空气预热器堵塞风险。

19. SCR 脱硝出口 NO$_x$ 和脱硫入口 NO$_x$ 倒挂的原因是什么？

答：SCR脱硝选取反应器出口截面某一点进行控制，由于SCR出口NO$_x$浓度分布不均匀，在脱硫入口处烟气混合后，容易出现脱硫入口NO$_x$高于脱硝出口NO$_x$的倒挂现象。

第二节　设备常见问题分析与处理

1. 催化剂堵塞的原因是什么？

答：（1）造成催化剂堵塞的主要原因是烟气流场设计不合理，所以避免催化剂堵塞最好有效的方法是通过有效的整流装置，使得进入第一层催化剂前，烟气的流速流向都均一。

（2）极小的颗粒灰沉积在催化剂表面的空隙中，会阻拦氮氧化物和氨通过催化剂表面，减少催化剂的比表面积，用燃油启动锅炉时，部分未燃烧的碳氢化合物，烟灰会产生细的颗粒，形成烟灰。所以，不完全燃烧有导致催化剂失活的危险。

（3）凝结在催化剂上的水会将飞灰中的有毒物（碱金属、钙、镁）转移到催化剂上，导致失活；另外，会使飞灰硬化并堵塞催化剂，使吹灰装置的清扫效果下降。

（4）氨盐沉积形成催化剂堵塞。如果SCR入口温度能够保持在盐的形成温度以上，则氨盐就不会形成沉积。

2. 喷枪堵塞是什么原因造成的？

答：原因分析：

（1）尿素溶液含有杂质。

（2）伴热不好导致环境温度低，造成结晶或尿素浓度配比没调节好。

（3）喷枪开孔位置不合理，温度过高导致喷入的尿素溶液中水蒸发得过快，尿素结晶或烧结堵住喷嘴。

（4）雾化空气压力低或者流量低。

3. 喷枪堵塞的解决方法有哪些?

答:(1)定期对喷枪进行抽出检查,清除堵塞物。

(2)密切关注运行参数,发现异常及时处理。

(3)调整计量模块尿素溶液与压缩空气比例,保证尿素溶液充分雾化。

4. 蒸汽吹灰器不能退回的原因及解决方法是什么?

答:原因:行程开关故障;行程开关拨动系统故障;反转继电器组烧坏;热继电器动作;吹灰压力高;机械部分卡死;枪管卡死。

解决方法:更换行程开关;拧紧螺栓或更换拨叉;更换反转继电器;复位热继电器;调整至设计压力;清洁轨道;校正枪管或调整密封板。

5. 声波吹灰器应如何进行检查及故障处理?

答:在进入反应器检修时,应关闭吹灰压缩空气总门,并将吹灰器操作锁定,避免吹灰器动作伤害检修人员听力。

(1)故障现象:吹灰喇叭不发声。

处理方法:检查压缩空气压力、阀门是否正常;检查吹灰器喇叭是否堵塞、膜片是否破损;过滤器是否堵塞;检查电磁阀故障等。

(2)故障现象:喇叭有声但强度不够。

处理方法:喇叭工作时检查压力;发生头内结构机械磨损或膜片磨损,清洁膜片并翻转后安装,更换有明显损伤或变形的膜片;压缩空气脏,管路清洁并增加开启次数;供气系统中有潮气,检查分离器或压缩空气罐放水。

(3)故障现象:喇叭不能关闭。

处理方法:定时器出错,修复或更换定时器;盖板松脱,紧固螺栓;盖板垫片不密封,更换垫片;排气口堵塞,用细铁丝清洁内部等。

6. 催化剂反应层压差高的现象及原因是什么? 应如何处理?

答:催化剂差压高的原因是催化剂发生堵塞,应该及时进行声波吹灰,声波吹灰后压力还高的,需要进行蒸汽吹灰。

7. 气氨供应压力不足的现象及原因是什么？应如何处理？

答：（1）现象：效率降低；压力显示低。

（2）原因：液氨储罐已空；环境温度长期过低；压力调节阀故障。

（3）处理：切换至其他液氨储罐；启动液氨泵；检查压力调节阀，必要时调整设定值。

8. 蒸发器气氨出口管道结冰的现象及原因是什么？应如何处理？

答：（1）现象：蒸发器气氨出口管道有结冰现象。

（2）原因：流速过快，液氨可能进入气氨管道；检查SCR系统烟气进出口NO_x浓度值，氨耗量是否超过最大设计值；蒸发器水温过低，液氨得不到足够热量蒸发直接灌入气氨管道。

（3）处理：检查蒸发器水温设定温度是否过低；蒸发器水位过低，液氨得不到足够热量蒸发直接灌入气氨管道；检查蒸发器水位情况，并向蒸发器内补水，使液位高于最低值。

9. CEMS 仪表出现故障，显示脱硝效率降低，如何处理？

答：（1）检查分析仪是否定期校验。

（2）检查烟气采样管是否泄漏或堵塞。

（3）检查仪用气系统是否正常。

10. SCR 脱硝喷氨不能投入自动的原因主要有哪些？

答：SCR脱硝喷氨不能投入自动原因主要是SCR入口NO_x波动大、CEMS测量延迟大以及脱硝系统大迟延特性。

11. SCR 催化剂磨损大的原因是什么？

答：SCR脱硝催化剂磨损大的原因有两方面：一方面是由于烟气中粉尘含量高；另一方面是由于流场不均匀，尤其是烟气进入角度偏差大。

12. SCR 脱硝出口 NO_x 设定值偏低的原因是什么？

答：由于入口NO_x随着锅炉燃烧工况变化大，喷氨自动控制系统响应速率低，为了保证不出现瞬时超标，运行人员通常将SCR脱硝出口NO$_x$设定值设置的偏低。

第三节　其他常见问题

1. 氨逃逸及其对下游设备的影响是什么？

答：由于氨与NO$_x$的不完全反应，会有少量的氨与烟气一道逃逸出反应器，这种情况称之为氨逃逸。氨逃逸可导致：

（1）生成硫酸氢氨沉积在催化剂和空气预热器上，造成空气预热器堵塞、催化剂通道堵塞、ESP均流板堵塞。

（2）与SO$_3$和H$_2$O生成硫酸铵，增加烟囱细微颗粒排放。

（3）被脱硫浆液吸收，在皮带脱水机间稀释，散发臭味。

（4）被飞灰颗粒捕捉，降低飞灰荷阻比，影响除尘效率并污染飞灰。

2. SO$_2$ 转换成 SO$_3$ 对尾部烟道设备有何影响？

答：由于在催化反应器中SO$_2$将转化成SO$_3$，反应器下游的SO$_3$会明显的增加，特别是在高含尘烟气段布置系统中，可生成硫酸氢氨黏附在催化剂、除尘器表面，影响脱硝效率和除尘效率，黏附在预热器换热元件上造成堵塞，在露点温度下FGD换热系统中会凝结过量的硫酸，从而对受热面造成腐蚀。

3. 声波吹灰器检修如何操作？

答：在进入反应器检修时，应关闭声波吹灰器压缩空气总门，并将吹灰器操作锁定，避免吹灰器动作而伤害检修人员听力。

4. 反应器温度低或超温如何操作？

答：锅炉启动后应监视反应器的温升速度，冷态启动时不应超过5℃/min。同时，氨气的投入也对温度有要求，反应器中催化剂的最佳工作温度应在320～420℃，只能承受5h以内最高450℃的短期烟温冲击，因此，如启动温升过快或温度超过410℃，则应及时要求锅炉调节燃烧。

5. 氨系统采用氮气置换的合格指标是什么？

答：氨系统采用氮气置换后应检测系统内部O_2含量，气体O_2含量小于0.5%为合格。

6. 催化剂层发生二次燃烧的现象及原因是什么？应如何处理？

答：（1）现象：空气预热器前后及尾部烟道负压大幅波动；空气预热器出口风温不正常升高，排烟温度不正常升高；在燃烧部位不严密处向外冒烟和火星。

（2）原因：锅炉启动初期煤粉未燃尽，在催化剂层沉积过多；吹灰器运行不正常，造成煤粉沉积；低负荷运行时间过长，造成大量可燃物堆积在催化剂上；机组启动初期或低负荷时，油煤混燃，造成催化剂上积聚油垢。

（3）处理：发现烟道内烟气温度不正常升高时，立即调整燃烧，对受热面蒸汽吹灰；在确认尾部烟道再燃烧时，排烟温度超过200℃应立即紧急停炉，立即停止送、引风机运行并关闭所有烟风挡板，严禁通风；空气预热器入口烟气温度、排烟温度、热风温度降低到80℃以下，各人孔和检查孔不再有烟气和火星冒出后停止蒸汽吹灰或消防水，打开人孔和检查孔检查确认再燃烧熄灭后，开启烟道排水门排尽烟道内的积水后，开启烟风挡板进行通风冷却；炉膛经过全面冷却，进入再燃烧处检查确认设备无损坏，受热面积聚的可燃物彻底清理干净后方可重新启动锅炉。

7. 安装 SCR 脱氮装置引起的烟气流动阻力对机组运行有何影响？

答：（1）增大引风机负载，造成引风机电耗增大。

（2）增大空气预热器热端压差，空气侧向烟气侧泄漏量增大，且会造成空气预热器关键零部件受压应力增大，导致空气预热器故障。

8. 引起 SNCR 系统氨逃逸的原因有哪些？

答：引起SNCR系统氨逃逸的原因有两种，一是由于喷入点烟气温度低影响了氨与NO_x的反应；另一种可能是喷入的还原剂过量或还原剂分布不均匀。还原剂喷入系统必须能将还原剂喷入到炉内最有效的部位，因为NO_x在炉膛内的分布经常变化，如果喷入控制点太少或喷到炉内某个断面上的氨分布不均匀，则会出现分布较高的氨逃逸量。

9. 液氨蒸发器水温是如何控制的？

答：通过控制蒸发器气动调节阀阀门开度大小来调节进入液氨蒸发器中的过热蒸汽的流量，从而达到控制液氨蒸发器热水温达到设计值的目的。

10. 液氨蒸发器出口氨气压力是如何控制的？

答：通过控制蒸发器进口气动调节阀阀门开度大小来调节进入液氨蒸发器中的液氨流量，从而达到控制液氨蒸发器出口氨气压力、缓冲罐压力达到设计值的目的。

11. 脱硝混合系统中的手动碟阀是否可以调整？

答：脱硝混合系统中所有手动碟阀的开度在调试过程中都进行了调整和确认，因此运行人员应该记录并标记所有手动碟阀的开度位置，并且在日常运行时，不要随意调整这些阀门的开度位置，以免影响脱硝系统的正常运行。

12. 氨系统维护中有哪些注意事项？

答：（1）氨区现场25m范围内严禁动火。

（2）对进行维修或维护的设备应进行隔离。

（3）当不进入设备内部进行维修时，应用氮气对相关设备和管道进行吹扫。

（4）当进入设备内部进行维修时，除应用氮气对相关设备和管道进行吹扫外，在进入前，还应保证设备内氧浓度达到18%～22%。

13. SNCR 脱硝系统通过采取什么措施，可以消除尿素喷射器液滴对水冷壁腐蚀的问题？

答：（1）改进喷射器结构，将喷射器混合部分设置在炉外，优化喷射器的雾化形式，克服喷射器头部漏流的缺陷。

（2）改变喷射器与水冷壁面的夹角，使喷射器下斜7°，同时保证喷射器不被烧损的条件下增加喷射器伸进炉膛的深度。

（3）在喷孔下部水冷壁弯管部位加装不锈钢护板，外部敷耐火塑料，防止SNCR系统启停时喷射器未建立良好的雾化状态，而出现漏流与水冷壁直接接触。

（4）定期对喷射器进行雾化试验，及时更换雾化效果不好的雾化器。

14. 试分析脱硝系统供氨管道堵塞的原因有哪些？

答：（1）氨水品质不合格，有杂质。

（2）供氨管道材质问题导致供氨管道和氨水发生腐蚀。

（3）环境温度影响。当环境温度下降时，供氨管道外壁结露严重，导致氨气密度增大，流速相对降低，如果氨气中含有杂质，对其携带能力下降，极易导致这些杂质在管路中阀门、阀芯等节流明显的部位沉积，进而堵塞管路，出现供氨流量、压力下降的现象。

15. SCR 入口烟气量计算怎么优化？

答：理论上SCR入口烟气量与机组负荷应该有一一对应关系，但实际中由于煤种的变化、漏风量的变化、运行人员的操作习惯的不同，SCR入口烟气量与机组负荷的对应关系在不断地发生变化，因此入口烟气量一种比较简单的计算方案，是用SCR入口烟气量与机组负荷对应关系拟合的烟气量曲线与实际烟气量进行加权计算。这种方式的优点在于可以根据不断变化的煤种及运行调整需要，阶段性的调整加权系数，保证通过烟气量计算需氨量的准确性，提高调节品质。

16. 怎样保持 NO_x 分析仪表数据的稳定性？

答：（1）脱硝出入口分析仪表安装位置具有代表性。

（2）加强对NO_x、NH_3等分析仪表的定期维护。

（3）保证SCR系统出口、入口氧量准确性。

17. 氨逃逸表计在日常维护时应注意哪些问题？

答：在日常运行时，氨逃逸表计的光学窗会经常积灰，灰尘或其他污染物会降低氨逃逸表计的检测质量，如果检测信号降低至可靠测量值以下，仪表LCD将显示低传输率故障报警。为保证测量的准确性，应对氨逃逸表计进行吹扫。由于发射器和接收器单元内部有光学表面，因此应保证吹扫气体的干燥、清洁，还需吹扫气体进行过滤，由于仪表空气可能包括一些油和水，若接收器和发射器的光学表面被这种气体吹扫，光学表面有可能损坏，因此吹扫气体最好使用氮气，吹扫气流不能过大，以免造成装置内部的压力过大损坏设备。

18. 试分析尿素热解系统稀释风流量降低的原因有哪些?

答：（1）稀释风流量计故障或存在堵塞现象。

（2）主机一次风流量低、压力小。

（3）喷氨格栅母管有积灰。

（4）氨/空混合器堵塞。

19. 试分析尿素热解系统中热解炉结晶的原因有哪些?

答：（1）稀释风量过低，热一次风中含灰量大，稀释风量过低，灰尘不能完全带走。

（2）单只尿素喷枪流量过高，尿素溶液雾化不充分。

（3）热解炉内分解温度太低，尿素溶液反应氨气不充分。

（4）热解炉、计量模块结构、控制较为复杂、运行中配比不合理，容易造成热解炉结晶严重。

（5）计量模块所用压缩空气品质太差。

（6）尿素喷枪投运分布不均匀。

（7）尿素喷枪喷嘴部分堵塞，尿素溶液雾化不好，有尿素溶液滴流现象的发生。

20. 热解炉结晶的危害是什么?

答：（1）热解炉结晶把热解炉内部炉膛及出口短节堵塞不能提供足够的风量，使热解反应的氨气无法充足到达反应器中与催化剂进行反应，造成反应器出口氮氧化物超标排放。

（2）热解炉结晶电加热器加热所用热一次风量变小，电加热器得不到足够热一次风量对其内部进行冷却，内壁温度居高不下有烧损电加热器的风险或电加热器内壁温度高到达保护动作值，电加热器跳闸，尿素喷枪退出运行，造成反应器出口氮氧化物超标排放。

21. 高尘布置的脱硝系统，怎么解决 CEMS 采样管线堵塞造成表计测量不准的问题?

答：布置在省煤器与空气预热器之间的脱硝系统，烟尘浓度大导致采样管线堵塞，影响测量效果，处理方法有：

（1）加快反吹频率。可将设计的吹扫频率由每4h反吹一次改为每2h反吹一次。

（2）适当的加大反吹压力。可将设计的吹扫压力由0.2MPa改为

0.4MPa。

（3）加快定期标定频率。可将定期标定频率由两周一次改为一周一次。

（4）加大对表计的维护工作。不定期对表计进行检查，发现缺陷及时处理。

22. 脱硝系统反应器差压大，应如何处理？

答：（1）加强对测量测点的检查维护。

（2）对吹灰器程控运行方式（吹扫频率和吹扫压力）进行优化。

（3）对催化剂做到封停必检。重点是检查催化剂的积灰情况、声波吹灰器膜片和喷嘴堵塞及磨损情况等，做到发现问题及时处理。

23. 更换的废旧催化剂应怎么处置？

答：废烟气脱硝催化剂归类为《国家危险废物名录》中"HW50废催化剂"，来源于环境治理领域。从事废烟气脱硝催化剂收集、储存、再生、利用处置经营活动的单位，必须办理危险废物经营许可证；转移废烟气脱硝催化剂应执行危险废物转移联单制度；产生废烟气脱硝催化剂的企业，必须将不可再生且无法利用的废烟气脱硝催化剂交由具有相应能力的危险废物经营单位处理处置。

24. 防止尿素溶液、喷氨格栅管道结晶的措施有哪些？

答：（1）提高电加热器出口温度控制。

（2）加强对热解炉尿素溶液喷枪流量的控制，确保喷枪流量均匀。

（3）定期对尿素溶液喷枪喷嘴进行检查，遇到堵塞现象及时清理、更换，确保喷枪雾化充分。

（4）定期对尿素溶液管道、测点伴热情况进行检查，确保其工作正常，避免尿素溶液在管道中结晶。

25. 尿素热解系统中，电加热器内部超温、耗电率高，应怎么处理？

答：（1）重新对电加热器内壁温度保护值进行设置。

（2）定期对电加热器内部进行清灰。

（3）在锅炉运行允许的情况下，提高热一次风压力，降低电加热器内壁温度，避免内部温度超温导致保护跳闸。

26. 脱硝吹灰系统应怎么管理?

答：（1）在脱硝装置投运后，监视其进出口及各催化剂层压力损失变化，若压力损失增加较快，加强催化剂的吹灰；对于声波式吹灰器，所有吹灰器采取不间断循环运行；对于耙式蒸汽吹灰器，需检查耙的前进位移是否能够到达指定位置，并适当增加吹灰频率，应在检修期间注意检查催化剂表面磨损状况，并评估磨损原因。

（2）定期检查吹灰系统运行状况，观察压缩空气参数、蒸汽参数是否满足运行需求。对于声波吹灰器，压缩空气应保证如下要求：含尘粒径≤1μm；含尘量≤1mg/m^3；含油量≤1mg/m^3；水压力露点≤-20℃（0.7MPa）。对于蒸汽吹灰器，过热蒸汽应保证满足如下要求：蒸汽温度不小于200℃，蒸汽压力不小于0.8MPa。

27. 脱硝系统的定期试验包括哪些?

答：（1）定期进行催化剂性能检测工作，按照规定定期送检催化剂活性测试块。

（2）结合机组大修前后，进行脱硝系统性能试验工作。

（3）按相关规定定期对脱硝系统CEMS分析设备、氨逃逸检测仪等进行校验，保证测试精度。

参考文献

［1］DL/T 5480—2013火力发电厂烟气脱硝设计技术规程.

［2］中国大唐集团公司.火电厂烟气脱硝系统安全质量管理手册.北京：中国电力出版社，2013.

［3］蒋文举.烟气脱硫脱硝技术手册.北京：化学工业出版社，2012.

［4］王小辉，赵淑楠.危险化学品安全技术与管理.北京：化学工业出版社，2016.

［5］夏怀祥，段传和，等.选择性催化还原法（SCR）烟气脱硝.北京：中国电力出版社，2012.

［6］梁庆源.火电厂烟气脱硝系统安全质量管理手册.北京：中国电力出版社，2013.

［7］国家能源局.防止电力生产事故的二十五项重点要求及编制释义.北京：中国电力出版社，2014.

［8］陆德民.石油化工自动控制设计手册（第三版）.北京：化学工业出版社，2013.

［9］王森.烟气排放连续监测系统（CEMS）.北京：化学工业出版社，2014.

［10］HJ/T 75—2017.固定污染源烟气排放连续监测技术规范（试行）.

［11］HJ/T 76—2017.固定污染源烟气排放连续监测系统技术要求及检测方法（试行）.